幼儿照护技能原理与实践研究

张　杨◎著

汕頭大學出版社

图书在版编目（CIP）数据

幼儿照护技能原理与实践研究 / 张杨著. -- 汕头：
汕头大学出版社，2023.10
ISBN 978-7-5658-5156-8

Ⅰ．①幼… Ⅱ．①张… Ⅲ．①婴幼儿－哺育－研究
Ⅳ．① TS976.31

中国国家版本馆 CIP 数据核字（2023）第 194536 号

幼儿照护技能原理与实践研究
YOUER ZHAOHU JINENG YUANLI YU SHIJIAN YANJIU

作　者：张　杨
责任编辑：黄洁玲
责任技编：黄东生
封面设计：皓　月
出版发行：汕头大学出版社
　　　　　广东省汕头市大学路 243 号汕头大学校园内　邮政编码：515063
电　话：0754-82904613
印　刷：廊坊市海涛印刷有限公司
开　本：710mm×1000mm　1/16
印　张：11
字　数：178 千字
版　次：2023 年 10 月第 1 版
印　次：2024 年 4 月第 1 次印刷
定　价：68.00 元
ISBN 978-7-5658-5156-8

前 言

　　幼儿阶段是儿童发展的关键期，身体和心理等各方面处于快速发展的阶段，做好此阶段的养育对儿童未来的健康成长具有重要意义。幼儿期是儿童开始培养健康生活理念，建立预防性行为习惯的理想时期。幼儿常常更易于接受新概念，对周围的世界充满了无限的好奇。教师可以充分利用每天学习和游戏的机会有计划地，或者即兴设计一些教育活动，教给幼儿关于健康、安全以及营养的知识。随着时代的不断进步，社会经济的不断发展，儿童生活环境发生很大变化，人们养育孩子的观念也在不断更新。

　　为有效促进幼儿身心健康发展，成人应为幼儿提供合理均衡的营养，保证充足的睡眠和适宜的锻炼，满足幼儿生长发育的需要：创设温馨的人际环境，让幼儿充分感受到亲情和关爱，形成积极稳定的情绪情感；帮助幼儿养成良好的生活与卫生习惯，提高自我保护能力，形成使其终身受益的生活能力和文明生活方式。本书是幼儿照护技能原理与实践研究方向的著作，从幼儿生理特点介绍入手，针对幼儿照护员职业道德、幼儿生长发育、幼儿解剖及生理特点进行了分析研究；另外对幼儿养育、幼儿护理技术、急救技术与环境卫生、幼儿营养学基础做了一定的介绍；还剖析了幼儿常见疾病与防护与幼儿安全养护等内容，旨在摸索出一条适合幼儿照护的科学道路，帮助其工作者在应用中少走弯路，运用科学方法，提高效率。对幼儿照护技能原理与实践研究有一定的借鉴意义。

　　本书对幼儿的照护做了通俗易懂的论述。希望借此能支持和帮助年轻的父母更好地养育自己的孩子，以期对于促进儿童健康成长起到有益的作用。由于作者水平有限，加之时间仓促，本书有疏漏与不当之处在所不免，恳请专家、同仁批评指正，以便更好地提高和改进。

目 录

第一章　幼儿生理特点

第一节　幼儿生长发育

生长是指身体各个器官以及全身的大小、长短和重量的增加与变化，是机体在量的方面的变化，是能观测到的。例如，手脚变大、个子变高。

发育是指细胞、组织、器官和系统功能的成熟与完善，是机体在质的方面的变化。例如，1岁与15岁时肾的发育对比较为显著。

成熟是指机体的生长发育达到一种完备的状态。例如，淋巴系统在学前期迅速增长，在11岁左右发育成熟，达到成人的200%，以后逐渐退化。

幼儿的生长发育是一个极其复杂的过程，但同时又具有一定的规律性。认识幼儿生长发育的规律，有助于正确认识和评价幼儿的身心发展。

生长发育是一个连续的过程，在这一过程中既有量的变化，也有质的变化，因而形成了不同的发展阶段。根据这些特点及生活环境的不同，把幼儿的生长发育过程划分为以下几个年龄时期：婴儿期，从出生到1岁，也称为乳儿期；幼儿前期，1~3岁，也称托儿所年龄期；幼儿期，3~7岁，也称幼儿园年龄期。上述各阶段均有一定的阶段特点，但任何年龄期的规定都是人为的，实际上相邻年龄期之间并没有明显的界限。

一、幼儿生长发育的一般状态

（一）生长发育由量变到质变

幼儿的生长发育是由细小的量变到根本的质变的复杂过程，不仅表现为身高、体重的增加，还表现为器官的逐渐分化、功能的逐渐成熟。幼儿生长发育与质变通常是同时进行的，如大脑在逐渐增大和增重的过程中，皮质的记忆、思维和分析的功能也在不断发展。

幼儿与成人相比，不仅身体比例小，而且还是一个没有成熟、缺少经验的机体，对环境的适应性和对自身的保护功能都比较差。因此，在进行卫生保健和教育时必须结合幼儿生长发育这一特点来考察具体措施，绝不能脱离幼儿的实际，以成人的标准来要求幼儿。

（二）生长发育具有阶段性和程序性

幼儿的生长发育是有阶段性的，每个阶段各有独特的特点，并且各阶段间相互联系，前一阶段为后一阶段的发展打下基础，各阶段按顺序衔接，不能跳跃。

（三）生长发育的速度是波浪式的，身体各部分的生长速度也不均衡

人的生长发育是快慢交替的，因此发育速度曲线并不是随年龄呈直线上升，而是呈波浪式上升的。在整个生长发育期间，全身和大多数器官、系统有两次生长突增高峰。第一次是在婴儿期。第二次是在青春发育初期，而且女比男大约早两年出现。

在生长发育的过程中，身体各部位的生长速度也不完全相同。身体的形态从出生时的头颅较大、躯干较长和四肢短小，发育到成人时的头颅较小、躯干较短和四肢较长。

（四）身体各系统的生长发育不均衡，但统一协调

一般来说，除身高、体重外，包括全身的肌肉、骨骼、心脏、血管、肾、脾、呼吸器官、消化器官等，它们的生长与身高、体重呈同样的模式，即出生后第一年最快，以后逐渐减慢，到青春期出现第二次生长高峰，而后又逐渐减慢，直到成熟。

但也有例外，如脑、骨髓、视觉器官以及反映脑大小的头围等，只有一个生长突增，而没有青春期第二次生长突增。出生时的脑重已达到成人脑重的25%，而同时期的体重仅为成人的5%左右，但以后脑细胞的结构和功能不断进行着复杂化的过程。

再如，幼儿神经系统发育得最早，淋巴系统发育得最快，12岁左右达高峰。生殖系统在幼儿时期进展缓慢，到青春期迅速发育并达到成人水平。

各系统的发育是不均衡的，但是协调的；各系统的生长发育并非孤立地进

行，而是互相影响、互相适应的。因此任何一种对机体起作用的因素，都可能影响到多个系统。例如，适当的体育锻炼不但能促进肌肉和骨骼系统的发育，也能促进呼吸系统和神经系统的发育。

（五）生理的发育与心理发育密切相关

生理发育是心理发育的基础，心理的发展影响生理的功能。

生理的缺陷会引起幼儿心理活动的不正常，如身材矮小、斜视、耳聋、口吃的幼儿常会产生自卑感。所以，对幼儿生理的缺陷，除应进行必要的治疗外，还应鼓励他们克服困难，树立信心。

心理的状态也会影响生理的发育，如幼儿情绪不好时，消化液分泌会减少，使食欲减退，影响幼儿的消化和吸收。情绪正常的幼儿应该是抬头、挺胸、活泼、积极参与幼儿园的各项活动，而长期情绪受压抑的幼儿，会表现种种病态，如站立不直、弯腰驼背、行动迟缓、精神不振、注意力不集中等现象。

（六）生长发育具有个体差异性

幼儿的生长发育具有一般的规律，但由于每个幼儿的先天遗传素质与后天的环境条件并不完全相同，因而无论身体的形态，还是机体的功能都存在个体的差异。例如，有些幼儿是先开口讲话，后会走，有些幼儿刚好相反，先会走，后会说；有些幼儿生性活泼好动，有些幼儿则比较文静内向；有些幼儿生来和别人好相处，有些幼儿则比较难接近；有些幼儿对节奏敏感，有些幼儿对图形有兴趣……没有两个幼儿的发育水平和发育过程完全一样，即使在一对同卵双生子之间也存在差别。

在研究和评价幼儿的生长发育时，不能简单地将某一幼儿的指标数据同标准平均数比较，并由此作出片面的结论，而应考虑到幼儿个体发育的差异性，将他们以往的情况与现在的情况比较，观察其生长发育动态才更有意义。

但是，在没有极其特殊的环境条件的前提下，幼儿个体的群体中上下波动的幅度是有限的，如果发生较大的波动，应及时观察，严格检查。幼教工作者应尽可能改善幼儿的后天环境条件，使每个幼儿都能充分发挥他们的遗传潜能，使他们的生长发育达到应有的水平。

二、影响幼儿生长发育的因素

影响幼儿生长发育的因素，概括地说可以分为两大类，即内在的遗传因素和外在的环境因素。内在的遗传因素主要指种族、身体素质、性别等；外在的环境因素主要指营养、体育锻炼、疾病、生活制度等。遗传决定生长发育的可能性，环境决定生长发育的现实性。幼儿生长发育的过程，也就是个体的遗传因素与环境因素相互作用的过程。

（一）内在因素

1. 遗传

染色体上的基因是决定生物性状遗传的物质基础，它决定个体生长发育的可能性。研究表明，同卵双生子身高的差别很小，头围也很接近，这说明骨骼系统的发育受遗传因素的影响较大。另外，父母的种族、身高、体型等，均可影响幼儿的生长发育。

2. 性别

一般同龄男孩比女孩重而高，但女孩青春发育期比男孩早两年左右。

3. 内分泌

甲状腺、脑垂体、性腺等内分泌器官所分泌的激素与幼儿的生长发育有关，如大脑发育不健全会严重影响身体各部分的生长发育。

（二）外在因素

1. 母亲的健康状况

母亲在受孕早期如受到精神创伤、患感染性疾病、X线照射、服药、中毒等均可影响幼儿的发育，如导致畸形或先天性疾病。母亲如果在孕期营养不良，可导致早产或婴儿出生时低体重，并伴有脑细胞减少及智力发育迟缓等现象。哺乳期母亲的营养、社会工作条件及情绪状况也会影响婴儿的生长发育。

2. 营养的影响

营养是保证幼儿生长发育的物质基础。营养素的缺乏或不合理的膳食会影响幼儿的生长发育，严重的会导致疾病。如长期的营养不良会造成身材矮小、智力发育迟缓；维生素D缺乏易导致佝偻病。

3. 生活制度的影响

合理的生活制度可以促进幼儿的生长发育，可以保证幼儿足够的户外活动时间，保证幼儿充足的睡眠，保证幼儿的生活有规律、有节奏。有些幼儿在家里生活没有规律，身高体重增加都比较慢，还容易得病。进入幼儿园后，生活有了规律，不仅身高体重增加显著，而且动作的发展也加快了。

4. 体育锻炼的影响

体育锻炼是促进幼儿身体发育和增强体质的有效手段。体育锻炼可以全面促进机体的新陈代谢，增强呼吸系统和心血管的发育。利用日光、空气、水等自然因素进行锻炼，可以增强幼儿体质，提高对疾病的抵抗力，还可以培养幼儿勇敢、坚强、不怕困难的优良品质。

5. 疾病的影响

任何急慢性疾病对幼儿的生长发育都能产生直接的影响。其影响程度决定于疾病所涉及的部位、病程的长短和疾病的严重程度，如胃肠道疾病影响消化和吸收，导致营养不良、体重减轻，甚至推迟动作和语言的发展。某些急性传染病，如流行性脑脊髓膜炎，可直接威胁幼儿的生命，即使治愈后也会留下后遗症。因此要积极预防和治疗各种急慢性疾病，保证幼儿的正常发育。

6. 季节与气候的影响

季节对幼儿的生长发育有明显的影响。一般来说，春季身高增长最快，秋季体重增长最快。在炎热的夏季，有些幼儿还有体重减轻的可能。

7. 环境污染的影响

环境污染不仅影响幼儿健康，引发各种疾病，而且明显阻抑其正常发育进程。例如，铅、汞等污染物可影响幼儿智力的发育，二氧化硫、氢氧化物、尘粒等可引起上呼吸道疾病。

8. 家庭因素的影响

家庭因素包括家庭的社会经济状况、父母素质、早期智力开发、非智力因素的培养、正确的教育方式及家庭结构的完整性，都会影响幼儿的生长发育。

9. 社会因素的影响

地区社会经济状况的差异、城乡差异、战争、工业化等社会因素都会对幼儿生长发育产生深远的影响。

三、幼儿的生长发育评价

运用一定的评价指标和评价方法对幼儿的生长发育进行评价，有利于掌握幼儿身心生长发育的状况，并提出有效的改进措施，促使幼儿健康成长。

幼儿的生长发育评价指标一般包括形态指标、生理功能指标以及心理指标等，其中以形态指标最为常见。

（一）评价指标

1. 形态指标

生长发育的形态指标是指身体及其各部分在形态上可测出的各种量度，如身高、体重、围度。

（1）身高

身高是人体站立时颅顶到脚跟（与地面相及处）的垂直高度。它是反映骨骼生长发育的重要指标，也是正确估计身体发育水平和速度的重要依据。3岁以下的幼儿因立位测量不容易获得准确的数据，而应用仰卧位测量，故身高又称身长。身高的人体差异较大，一般1岁时，幼儿的身高约为71～75cm。1岁以后平均身高估算公式为：

$$身高（cm）=年龄（岁）\times 7+70（cm）（青春期除外）$$

（2）体重

体重是指人体（包括组织、器官、体液等）的总重量。它与身高之间的相互比例是衡量幼儿营养状况的重要标志。1～10岁，幼儿的体重约为：

$$实足年龄 \times 2+8（kg）$$

（3）头围

头围的大小反映脑和颅骨的发育程度。因胎儿脑的发育在全身处于依靠地位，故出生时头相对较大，1岁时头围增加约12cm，两岁时头围只增加2cm，2～14岁仅再增加6～7cm。因此，头围的测量在出生后前两年意义重大。大脑发育不全时，可出现小头畸形；头围过大可出现脑积水。

（4）胸围

胸围是指经过胸中点的胸部水平围度。胸围在一定程度上说明身体形态和呼吸功能的发育（如胸廓和肺），并能反映体育锻炼的效果。一般在1岁时胸围赶上头围。

（5）坐高

坐高是人头顶至坐骨结节的长度。它与身高相比较能反映躯干和下肢的比例关系。坐高的增长反映脊柱和头部的增长。3岁以下幼儿卧位测量，故也称顶臀长。平均坐高1岁时占身长的61.1%，2岁时为60%，3~7岁时为56.4%。如幼儿此时比例大于正常，应考虑内分泌疾病和软骨发育不全等疾病。

生长发育的主要形态指标还包括代表营养状况的臂围、腿围和各部位皮肤褶厚度等。

2. 生理指标

幼儿生理机能受生长发育和外界条件的影响，如心血管系统的功能以脉搏、血压为基本标志；呼吸系统的功能以呼吸频率和肺活量为基本标志；运动系统的功能以握力、背肌力等为基本标志。

3. 心理指标

关于幼儿心理发展的研究，一般是通过感觉、知觉、语言、记忆、思维、情感、意志和性格等进行观察。

（二）评价标准

生长发育的评价标准是散居或集体幼儿生长发育状况的统一尺度。一般是在某一段时间内，在一定的地区范围，选择有代表性的幼儿，就某几项发育指标进行大数量的测量，并将测量数据统计学处理，所得的资料即为该地区个体和集体幼儿的发育评价标准。生长发育的评价标准可以因选择样本的不同而分为现状标准和理想标准。现状标准表明一个国家或地区一般幼儿的发育水平，而不是发育最好幼儿的水平。理想标准所选样本是生活在最适宜的环境中的幼儿，其生长潜力得到较好的发挥，故生长发育状况较为理想。用生活在最适宜环境中的幼儿作为样本，所制定出来的生长发育标准高于一般幼儿的发育水平。

需要指出的是，幼儿的生长发育标准只适用于一定地区或一定人群，故生长发育的标准是相对的，而不是绝对的。另有研究表明，每隔10年，我国幼儿的身高平均增长男性为2.56cm，女性为2.29cm，所以生长发育标准又是暂时的，每5~10年需要重新修订一次。

（三）评价方法

1. 百分位数法

百分位数法是以发育指标的第50百分位数为基准值，以其他百分位数为离散距所制成的评价生长发育的标准。

如用百分位数评价幼儿的身高、体重，可将某年龄组的男孩或女孩随机取出100名，将身高体重的数值由小到大排列起来，小的百分位数值低，大的百分位数值高，求出某个百分位（用P做代号）的数值，常以3、10、25、50、75、90、97的等百分位数值划分发育等级。P_3代表第3百分位数值。

一般认为，身高体重在3～97百分位数（也有学者认为是10～90百分位数）范围内的幼儿都应视为正常。对低于P_3高于P_{97}的幼儿应定期跟踪观察，并结合体检来确定是否发育异常。

2. 等级评价法

这是用标准差与均值相离的远近划分等级，即以均值（X）为基准值，以标准差（S）为离散距，确定生长发育的评价标准。各国学者在调查研究过程中所分等级不完全相同，但均以正态分布原理划分。

等级评价法常用的指标是身高和体重。个体幼儿的身高、体重数值在标准均值±2S范围内，均被认为正常，每个范围包括了大约95%的幼儿。在标准均值±2S以外的幼儿也不能简单判断为异常，必须在连续观察、深入了解的基础上，结合疾病、营养、家庭遗传等具体情况再做结论。

3. 指数评价法

这是指利用人体各部分的比例关系，借助数学公式编成指数，用以评价发育水平的方法。指数种类繁多，一般分为人体形态、功能和素质三方面的指数，以下所述为主要的几个形态指数：

（1）身高体重指数

身体体重指数，即$\dfrac{体重（g）}{身高（cm）}$，它表示每厘米身高所含的体重量，可显示人体的充实程度，也反映当时的营养状况。此指数随年龄增长而增长。

（2）身高胸围指数

身高胸围指数，即$\dfrac{胸围（cm）}{身高（cm）}$，它可反映胸廓发育状况，说明人体的体型。指数大说明胸围相对较大。此指数在出生后3个月内有一定增加，而后随年龄增长而减少。

（3）身高坐高指数

身高坐高指数，即 $\dfrac{坐高（cm）}{身高（cm）}$，该指数通过坐高和身高的比值来反映人体躯干与下肢的比例关系，以说明体型特点。它随年龄的增长而减少，说明下肢比例逐渐增加。

（4）体重（Kaup）指数

体重（Kaup）指数，即 $\dfrac{体重（kg）}{身高^2（cm^2）}$，该指数通过体重与身高平方的比值来反映人体营养状况和骨骼、肌肉充实度，尤其适合于婴幼儿。正常值为15～19（如＞22为肥胖，13～15为消瘦，10～13为营养不良）。

由于指数法的理论基础过于机械，把人体各部分看成固定不变的比例关系，而且指数法只能判断个体单项指标在体格发育中所占的位置，不能综合评价一个幼儿生长发育的情况，有时还会将体型匀称的正常矮身材幼儿误认为营养不足，或将匀称体型高身材幼儿误认为肥胖。

4. 幼儿心理发展评价

心理评价是运用心理学的方法对人的心理状态和行为表现进行评定。幼儿心理评价的目的是能正确地把握幼儿心理健康发展状况，并从幼儿群体中鉴别出有问题和心理障碍的个体，从而对有心理问题的幼儿实施有针对性的早期教育，对心理障碍幼儿进行早期干预。

心理健康评价有多种测试方法或评估量表。常用的评价方法有以下几种：

（1）幼儿发育单项筛查

①动作发育

观察幼儿粗动作的协调、平衡、视觉与运动的配合，动作的顺序性，精细动作的手眼协调及控制精确度、运动的速度等。

②视觉—空间定向

视觉—空间定向，表现为幼儿认识和鉴别图形（如大小、轮廓）及空间位置关系（如区分前景与背景）的视觉功能。幼儿临摹的能力可作为判断视觉一空间定向发育的依据。

③时间—次序关系

幼儿在生活中理解时间概念，逐渐体会次序的意义，这是幼儿心理发展的一个重要方面。通过让幼儿顺读四五位数，或按顺序做三四件事，或按顺序做规定的动作等可测查幼儿时间—次序关系。

④记忆能力

对幼儿记忆能力的测试一般只限于感觉记忆和短时记忆。例如，视觉记忆测试：让幼儿在瞬间看一幅画，随后要求幼儿凭记忆画出来。再如，听觉记忆测试：复诵数字、句子、组合、字母等。

（2）综合发育筛查

①丹佛发育筛查测试（DDST）

丹佛发育筛查测试是20世纪60年代在美国丹佛城对该地区幼儿进行大量的测试后所制定出来的简易测试法，操作简便，容易掌握。一次检查时间不超过30分钟。

它由104个项目构成全部测试内容，共涉及4个能力区：个人社会技能23项，主要检查幼儿与周围人的应答能力和自我服务能力；精细运动与适应性动作30项，检查幼儿手指的运动能力与手眼协调能力；语言能力20项，检查幼儿对成人语言的理解能力和自我思想的表达能力；粗动作能力31项，检查小儿坐、立、走、跳及平衡能力。

DDST属筛查性测验，对幼儿目前和将来的智能高低以及适应环境的能力无鉴定和预测作用，也不能在正常与异常之间划出明确的界限，更不能作为诊断和评价发育障碍种类和严重程度的工具。但它能够比较灵敏地提示在临床上尚未出现明显症状的发育性问题，即能在早期发现幼儿的能力问题。同时可以作为高危幼儿的发育监测手段。

②绘人测试

绘人测试是一种能引起幼儿兴趣的简便易行的智力筛查测试方法，主要采用绘人测试试卷进行。它要求幼儿按照自己的想象画一个人的全身像，提示语是"小朋友，请你画一个正面的、全身的人。可画任何一种人，画得越完全越细致越好，但必须是全身的。不许画机器人、动画人、洋娃娃、古代人，也不许印着画或照着画"。测试者根据幼儿所画人像的身体部位是否齐全、各部分比例是否恰当以及人像的表达方式如何等内容加以评分。绘人测试不限时间，幼儿画的时可以用橡皮擦，可以在纸的背面重画一幅，一般10～20分钟。

绘人测试不包含任何语言、文字方面的内容，对幼儿的文化程度要求低，便于在不同国籍、民族和人群之间进行比较，同时绘画是幼儿感兴趣易接受的方式，由幼儿绘人作品的完整性与细致程度可以反映幼儿智力的发展程度，也可以看出幼儿绘画的技能和手眼协调等精细动作的发展程度。但绘人测试不能代替正规的智力测验。

绘人测试智商转换法：

$$智龄M.A.（月）=绘人得分×3+36$$

$$智商IQ=（智龄M.A./实足年龄C.A.）×100$$

本测试方法适用年龄为4～12岁（但实际应用于4～9.5岁的幼儿较为合适）。

③韦克斯勒学前幼儿智力量表（WPPSI）

韦克斯勒学前幼儿智力量表是针对4～6.5岁的幼儿编制的一套测试题，分别衡量幼儿各方面的能力，从而获得幼儿多方面水平的信息。我国对WPPSI进行修订，使之更适合于评估我国幼儿的智力发展水平。

韦克斯勒学前幼儿智力量表包括10个分测试，内容是：

a.问答题：共23题。向幼儿询问一些常识性的问题，如"一周有几天？"

b.动物的家：提供4张动物的图片，分别是狗、母鸡、鱼和猫的图片。在每一张图片的下面有一个小圆柱形积木，分别为黑、白、蓝、黄4种颜色，代表动物的家。要求幼儿在所提供的20张图片的下方，依照样本上的图和小圆柱形积木的颜色关系，插上相应的圆柱形积木。

c.词汇：共22个词，主试者读一个词，要求幼儿说明含义。例如，"鞋""伞"。

d.图画补缺：共23张图片，都缺少一个重要的部分，要求幼儿指出这个部分。

e.算术题：共10题。例如，"你有5个娃娃，送掉2个，还有几个？"

f.迷宫：共10题。要求幼儿在迷宫图样上画线，进入并走出迷宫。

g.几何图形：共10个几何图形，要求幼儿画出主试者依次出示的图形，如圆形、正方形。

h.类同词：共16题。其中第1～10题要求幼儿在未完成的句子中填入意思相符的类同词；第11～16题要求幼儿概括两个词的相似性。

i.木块图案：共10题。6块一面红色、一面白色的扁形小方木；8块两面红色、两面白色、另两面一半红色一半白色的立方体木块，要求幼儿分别拼出主试者出示的图案。

j.理解：共15题。要求幼儿回答一些问题，如"割破了手该怎么办？"

这10个测试分为言语和操作测验两大类，评分按测试内容产生言语智商和操作智商，两者的均数为总智商。因为运用韦克斯勒学前幼儿智力量表进行测试，每次所用时间较长，所以对4岁以下幼儿不适宜。

第二节　幼儿解剖及生理特点

一、运动系统

人体的运动系统由骨、关节和骨骼肌组成。在神经系统的支配下，骨骼肌收缩牵引所附着的骨以关节为支点使人体做各种动作。此外，运动系统还有保护、支持和造血等功能。

近年来，由于坐姿不正确导致近视、脊柱弯曲的儿童人数在逐步增加，因此，培养孩子正确的坐姿是幼儿教师和家长应及早注意的一个问题。坐姿不正确是造成孩子视力缺陷及脊柱发育不良的主要原因之一，对孩子身体的健康发育十分有害。经研究，这与幼儿骨骼发育的特点密切相关。

（一）幼儿运动系统的发育特点

1.幼儿骨骼的特点

（1）成分特点

骨骼由有机物和无机物构成。有机物主要是胶原纤维，使骨骼具有弹性，成人骨骼中的有机物约占1/3。无机物主要是钙盐，使骨骼具有坚固性，成人骨骼中的无机物约占2/3。正是有机物和无机物结合起来，才使骨骼既坚硬又富有弹性，有很好的承受支持、保护和运动的功能。幼儿骨骼最主要的特征是骨的化学成分与成人不同。幼儿骨骼中含有机物较多，无机物较少，因此，骨骼的弹性大而硬度小，不易骨折，但受压后容易弯曲变形。随着年龄的增长，骨骼内的无机物（主要是钙盐）不断增加，硬度也逐渐加大。

（2）结构特点

骨骼是由骨膜、骨质和骨髓构成的。幼儿的骨骼比较柔软，软骨多。骨膜的内层细胞在幼年时期能形成新骨，使骨骼不断地伸长、增粗，到20~25岁，骨化才完成。骨骼的生长虽由遗传决定，但也易受到体内、体外环境的影响，如生长激素、维生素、运动和阳光均能改变骨组织的生长。

（3）幼儿几种主要骨的发育特点

①腕骨

幼儿腕骨的发育是逐渐进行的，随年龄的增长，腕骨逐渐钙化。所以，幼儿手腕的负重能力差，不要让幼儿提拎较重的物品。运用手的精细动作，如写字、画画，时间也不宜过长。

②胸骨

胸骨的结合要到20~25岁才能完成，故幼儿的胸骨尚未完全结合。维生素D缺乏、呼吸系统疾病会造成胸骨畸形，甚至影响幼儿的健康发育。

③骨盆

正常骨盆是由髋骨、骶骨和尾骨共同围合而成的。幼儿的髋骨由髂骨、耻骨、坐骨依靠软骨相连而成，还没有形成一个整体，骨盆尚未定型，所以要避免幼儿从高处向坚硬地面上跳。

④脊柱

成人脊柱有四个生理弯曲，即颈曲、胸曲、腰曲、骶曲。这些弯曲与人类直立行走有关，可以起到缓冲振荡和平衡身体的作用。新生儿时期，脊柱几乎是直的，随着幼儿的生长发育，从抬头、坐立、行走开始初步形成弯曲并逐渐被固定，到20~21岁或更晚，脊柱才最后定型。因此，在整个幼儿发育时期，都要注意预防脊柱变形。

⑤足弓

足骨凭借坚强的韧带联结起来，形成突面向上的足弓。足弓具有弹性，可以缓冲行走时对身体所产生的振荡，还可以保护足底的血管和神经免受压迫。幼儿过于肥胖，走路、直立时间过长或负重过度，都可导致足弓塌陷，形成扁平足。轻度扁平足感觉不明显，重者在跑、跳或行走时会出现足底麻木或疼痛等症状。

2. 幼儿关节的特点

骨与骨之间的连结叫骨连结。关节是骨连结的主要形式，如四肢骨之间及躯干骨之间的连结。关节由关节面、关节囊和关节腔组成。关节面由关节头和关节窝组成。关节面上覆盖着一层光滑的关节软骨以减少运动时的摩擦、振荡和冲击。关节腔内含有少量的滑液，亦用以减少摩擦。关节包括上肢关节（肩关节、肘关节、腕关节）和下肢关节（髋关节、膝关节、踝关节）。

幼儿的关节窝较浅，关节附近的韧带较松，肌肉纤维比较细长，所以关节和韧带的伸展性和活动范围比成人大，尤其是肩关节、脊柱和髋关节的灵活性与柔韧性明显地超过成人。但关节的牢固性较差，在外力作用下容易发生脱臼，常伴有关节囊撕裂、韧带损伤，出现肿胀、疼痛，失去运动功能。

3. 幼儿肌肉的特点

人体全身的骨骼肌有600多块。成人肌肉重量约占体重的40%，肌肉中75%是水分，25%是固体成分。肌肉的形状是多种多样的，它在人体中起运动、支持、保护等作用。幼儿肌肉发育在形状、成分和功能方面，都与成人存在差别，幼儿肌肉重量只占体重的30%左右。幼儿的肌肉重量与体重之比随年龄的增长而增加。

（1）结构特点

每一块肌肉可分为肌腹、肌腱两部分。肌腹柔软而富有弹性，肌腱则由致密结缔组织构成，没有收缩性。肌肉借助于肌腱附着在骨骼上，收缩时产生关节运动。幼儿肌肉嫩、柔软，肌腱宽而短，肌纤维较细。

（2）成分特点

幼儿肌肉中含水相对较多，含蛋白质、脂肪、无机盐少，力量差，容易疲劳，但新陈代谢比较旺盛，氧气供应充足，疲劳后恢复的速度比成人快。

（3）肌肉的发育特点

肌肉是随着中枢神经系统的发育而发育的。由于幼儿的神经系统发育不够完善，对骨骼肌的调节功能不强，所以肌肉的力量和协调性较差。支持幼儿上下肢活动的大肌肉群发育得较早，而幼儿的小肌肉群，如手指和腕部肌肉群发育得较晚。3~4岁的幼儿，虽然走路很稳，但拿筷子或握笔画一条直线就显得很吃力，而且直线也不容易画直。随着年龄的增长和通过各项活动的锻炼，幼儿做动作的速度、准确程度及控制活动的能力都会不断提高。

（二）幼儿运动系统的保育要求

1. 培养正确的坐、立、行姿势

幼儿在坐、立、行走时应该有正确的姿势，即"坐有坐相，站有站相"，不仅为了美观，更是为了保证幼儿身心的健康发育。正确的坐姿不仅能保证幼儿的视力健康和体格的正常发育，而且有利于幼儿集中注意力，对幼儿专心学习及思考十分有益。不良体态，如驼背、严重脊柱侧弯，会导致幼儿胸廓畸形，影响幼儿心、肺发育，也容易使幼儿产生自卑感，影响健全性格的形成。

正确的坐姿是：整个身体的姿势保持自然状态，身体正直，两肩一样高，胸部不要靠在桌子上，胸部脊柱不要向前弯，脚自然地放在地面上，小腿与大腿成直角。

正确的站姿是：头端正，两肩平，挺胸收腹，肌肉放松，双手自然下垂，两腿站直，两足并行，前面稍分开。

为防止骨骼变形，形成良好体态，须注意两点：幼儿园应配备与幼儿身材合适的桌椅；教师要随时纠正幼儿坐、立、行中的不正确姿势，并为幼儿做出榜样。

2. 合理组织体育锻炼和户外活动

体育锻炼和户外活动可促进全身的新陈代谢，加速血液循环，使肌肉更健壮有力，刺激骨骼的生长，使身体长高，并促进骨骼中无机盐的积淀，使骨骼更坚硬。户外活动时，空气的温度、湿度和气流的刺激，可增强机体的抵抗力。适量接受阳光的照射，可使身体产生维生素D以预防佝偻病。

根据幼儿的年龄特点选择运动方式及运动量，使幼儿全身得到锻炼。不宜开展拔河、长跑、踢球等剧烈运动，也不宜让幼儿长时间站立。

3. 供给充足的营养

蛋白质、钙、磷、维生素D都能促进骨骼的钙化和肌肉的发育，应供应充足

的营养，以保证幼儿正常的生长发育。

4. 衣服和鞋子应宽松适度

幼儿不宜穿过于紧身的衣服，以免影响血液循环。衣服应宽松适度，如过于肥大，则影响运动，易造成意外伤害。鞋过于小则会影响足弓的正常发育。幼儿也不宜穿高跟鞋。

5. 注意安全，预防意外事故的发生

在组织活动时，要做好运动前的各项准备工作，避免用力过猛牵拉幼儿手臂，防止脱臼和肌肉损伤。女孩不宜从高处向硬的地面上跳，以免髂骨、耻骨和坐骨发生觉察不到的移位，影响骨盆发育和成年后的生育功能。

二、呼吸系统

人体的生命活动需要不断地吸进氧气，呼出二氧化碳，这个过程称为呼吸。呼吸是由呼吸系统来完成的。呼吸系统由呼吸道和呼吸器官组成。呼吸道由鼻、咽、喉、气管、支气管等组成。

（一）幼儿呼吸道的发育特点

1. 幼儿呼吸器官的特点

和成人一样，幼儿呼吸系统由呼吸道和呼吸器官两部分组成。幼儿呼吸道主要特点是：呼吸管道狭窄，黏膜柔嫩，血管丰富，所以一旦感染发炎后易充血、水肿，出现呼吸困难；鼻泪管短，呼吸道感染容易上行影响到眼睛；耳咽管短，呈水平，易引起中耳炎；喉腔狭窄，黏膜嫩，声门窄而短，声带短而薄，容易因为疲劳而声音嘶哑；气管内黏液分泌较少，干燥，不易排出吸入呼吸道的病原微生物，容易患气管炎。

2. 幼儿呼吸频率的特点

幼儿新陈代谢旺盛，机体需氧量相对比成人多，但幼儿呼吸表浅，每次呼吸量少，所以只有通过增加每分钟呼吸的次数来满足需要。因而幼儿年龄越小，呼吸频率越快。

（二）幼儿呼吸系统的保育要求及措施

1. 培养幼儿良好的卫生习惯

首先要养成用鼻呼吸的习惯，充分发挥鼻腔的保护作用。其次，要教育幼儿不要用手挖鼻孔，以防鼻腔感染或鼻出血。同时要教会幼儿擤鼻涕。正确的方法是：轻轻捂住一侧鼻孔，擤完，再擤另一侧。擤时不要太用力，不要把鼻孔全捂上使劲地擤。擤鼻涕时用力过大，就可能把鼻腔里的细菌挤到中耳、眼、鼻窦里，引起中耳炎、鼻泪管炎和鼻窦炎等疾病。还要教育幼儿养成打喷嚏时用手捂住口、鼻，不随地吐痰，不蒙头睡觉等好习惯。

2. 保持室内空气新鲜

新鲜的空气里病菌少，含有充足的氧气，能促进人体的新陈代谢，使幼儿情绪饱满，心情愉快。因此，室内应经常开窗，通风换气。

3. 组织幼儿进行适宜的体育锻炼和户外活动

经常参加户外运动和体育锻炼可以加强呼吸肌的力量，促进胸廓和肺的正常发育，增加肺活量。在组织幼儿进行体育游戏、做体操、跑步时，应注意配合动作，自然而正确地加深呼吸，使肺部充分吸进氧气，排出二氧化碳。户外活动还能提高呼吸系统对疾病的抵抗力，降低呼吸道疾病的发病率。

4. 保护幼儿声带

说话、唱歌主要是声带及肺的活动。教师应选择适合儿童音域特点的歌曲和朗读材料，每句不要太长，过高或过低的音调都会造成幼儿声带疲劳。要避免幼儿大声唱歌或喊叫，鼓励幼儿用自然、优美的声音唱歌、说话。唱歌或朗读的过程中要适当安排休息，以防声带过分疲劳。当咽部有炎症时，应减少发音，直至完全恢复。

5. 严防异物进入呼吸道

培养幼儿安静进餐的习惯。教育幼儿吃饭时不要哭闹，不要边吃边玩，以免将食物呛入呼吸道。不要让幼儿玩扣子、硬币、玻璃球、豆类等小东西。教育幼儿不要把这些小物件放入鼻孔。

三、循环系统

在人体的生命活动中，循环系统的主要功能是不断将氧气和养料送到各组织，同时把体内产生的二氧化碳和废物排出体外。循环系统由血液循环系统和淋巴系统组成。血液循环系统包括血液、心脏和血管，其主要功能是通过血液在全身流动运送物质。淋巴系统由淋巴管、淋巴结、脾、扁桃体组成，主要功能是清除体内有害微生物和生成抗体。

（一）幼儿循环系统的发育特点

1. 幼儿血液循环系统的特点

（1）幼儿血液的特点

幼儿年龄虽小，血液量相对却比成人占比多，占体重的8%～10%。幼儿血液中血浆含水分较多，含凝血物质少，因此，幼儿出血时，凝血速度较成人慢。幼儿血液中白细胞数量接近成人，但其中的中性粒细胞较少，而防御功能较差的淋巴细胞又较多，因此，这个时期幼儿对疾病的抵抗能力较差，易感染疾病。

（2）幼儿心脏的特点

幼儿的心脏同成人一样由左心室、右心室、左心房、右心房构成。但幼儿心脏的相对体积比成人大，每搏输出量比成人小，新陈代谢旺盛，所以幼儿心率较快。由于神经调节不完善，因此幼儿心脏收缩的节律不规律，到10岁左右才较稳定。

（3）幼儿血管的特点

幼儿血管的内径较成人粗，毛细血管丰富，血流量大，供氧充足。幼儿血管比成人短，血液在体内循环一周的时间短，这对幼儿生长发育和消除疲劳都有良好的作用。

（4）幼儿血压的特点

血液在血管中流动时对血管壁的压力称为血压。幼儿心脏收缩力较弱，血管管径较大，所以幼儿的血压比成人低。成人正常收缩压为12.0～18.7kPa（90～140mmHg），舒张压为8.0～12.0kPa（60～90mmHg），而幼儿血压一般为11.5～13.1kPa/7.73～8.40 kPa（86～78mmHg/58～63mmHg）。给幼儿测量血压应该在幼儿绝对安静时进行。

2. 幼儿淋巴系统的特点

幼儿淋巴系统发育较快，淋巴结防御和保护功能比较显著，表现在幼儿时期常有淋巴结肿大的现象。扁桃体在4～10岁发育到达高峰，而14～15岁就开始退化，所以，扁桃体发炎是幼儿期常见的疾病。

（二）幼儿循环系统的卫生保健

1. 保证营养，防止贫血

由于幼儿的血液总量增加较快，因而所需补充的造血原料也相应较多，合成血红蛋白需要铁和蛋白质作为原料，缺乏铁可导致缺铁性贫血。维生素B_2和叶酸虽然不是直接的造血原料，但由于它们与红细胞的发育成熟有关，因而，当人体缺乏它们时，可导致营养性巨幼红细胞贫血。所以，应纠正幼儿挑食、偏食的毛病，适当增加含铁和蛋白质较丰富的食物，如猪肝、瘦肉、大豆。

2. 合理安排幼儿一日活动

在组织幼儿一日活动中，要注意动静交替，劳逸结合，避免幼儿长时间的精神过度紧张，使心脏保持正常的功能。要帮助幼儿养成按时睡眠的习惯，因为安静时需要的血液量比活动时少，这样可以减轻心脏的负担。

3. 组织体育锻炼，增强体质

组织幼儿参加适合年龄特点的体育锻炼和户外活动，可促进血液循环，增强造血功能，使心肌粗壮结实，提高心肌的工作能力。应注意让幼儿每天有体育活动的时间，但对不同年龄、不同体质的幼儿应安排不同时间、不同强度的活动。避免长时间的剧烈活动以及要求憋气的活动。运动前做好准备活动，结束时做整理活动，剧烈运动时不可立即停止，以免造成暂时性贫血。剧烈运动后不宜立刻喝大量的水，以免过多的水分吸入血液而增加心脏的负担。如果运动时出汗过多，可让幼儿喝少量的淡盐开水，以维持体内无机盐的平衡。

4. 幼儿的衣着卫生

狭小的衣服会影响血液的流动和养料、氧气的供给，因此幼儿的衣服应宽大舒适，以保证血液循环的畅通。

5. 预防传染病

幼儿血液中有吞噬细菌作用的白细胞较少，所以抗病能力差，易患传染病。因而，要关心幼儿的起居和活动，预防各种传染病。

四、消化系统

人体生命活动所需的营养物质是由食物提供的，食物中的大分子有机物不能直接被人体吸收利用，只有经过消化系统的消化作用，才能被吸入血液循环，满足人体组织的需要。

（一）幼儿消化系统的发育特点

1. 幼儿牙的特点

幼儿的牙是乳牙，与成人相比，它的牙釉质较薄，牙本质松脆，牙髓腔较大。

2. 幼儿胃的特点

幼儿胃的容量较小，胃壁肌肉薄，伸展性和蠕动功能较差。胃的内表面所分泌的胃液，其主要成分有胃蛋白酶、盐酸、黏液和黏蛋白。幼儿胃黏膜薄嫩，胃酸浓度低，消化酶少，所以营养物质过多，胃的负担就会变重，导致消化功能经常处于紧张状态，因此易受外界因素影响而患上感染性腹泻等肠道传染疾病。

3. 幼儿肠的特点

幼儿肠的总长度相对比成人长，肠黏膜发育较好，肠的吸收能力比消化能力强，这有利于幼儿的生长发育，但幼儿肠的位置不稳定，易发生肠套叠、脱肛等疾病。幼儿肠壁肌肉组织和弹性组织发育较差，肠蠕动能力比成人弱，因此如果食物停留时间较长，易造成便秘。

4. 幼儿肝脏的特点

肝脏是人体最大的消化腺，其分泌的胆汁能促进肠液对脂肪的消化，还具有代谢、储存养料和解毒的作用。幼儿肝脏相对较大，但分泌的胆汁较少，所以脂肪消化能力差。糖原储存较少，饿了容易发生低血糖。幼儿肝脏的解毒能力也较差，故幼儿用药剂量一定要准确。还要严防食物中毒，预防传染性肝炎，以保护肝脏免受细菌毒素的损害。

5. 幼儿胰腺的特点

幼儿的胰腺还很不发达，胰腺及其消化酶的分泌较少，且极易受炎热气候及各种疾病影响而被抑制，最终导致消化不良。

6. 幼儿唾液腺的特点

幼儿的唾液腺在出生时已形成，但唾液腺分泌唾液较少，口腔较干燥。3~6个月唾液腺发育完善，但这时幼儿还没有吞咽大量唾液的习惯，唾液往往流到口腔外面，这种现象属"生理性流涎"，随年龄增长可逐渐消失。

（二）幼儿消化系统的保育要求及措施

1. 保护牙齿

口腔是人体消化系统的第一关，牙齿是咀嚼的工具。乳牙可使用6~10年，因此，必须贯彻以预防为主的方针，应做到以下几点。

（1）定期检查牙齿

应每半年检查一次，发现龋齿，进行适当处理。从两岁半开始即应养成幼儿早晚刷牙、饭后漱口的习惯。

（2）补充纤维素

常吃含纤维素较多的食物，如蔬菜、水果、粗粮等，可以清洁牙齿。

（3）纠正幼儿某些不良习惯

为保证幼儿牙齿的正常发育，防止牙齿不齐，应注意不要让幼儿吮吸手指、托腮、咬下嘴唇、咬手指甲、咬其他硬物（如铅笔和尺子）等。

2. 建立合理的饮食制度，培养良好的卫生习惯

消化器官与身体其他器官一样，活动是有规律的，所以不能让幼儿暴饮暴食，必须养成饮食定时定量的习惯。为幼儿做的饭菜要新鲜，营养要丰富且易于消化。要注意饮食的清洁卫生，防止病从口入。应培养幼儿细嚼慢咽、不吃汤泡饭、少吃零食及不挑食的好习惯。

3. 饭后不做剧烈运动

适当参加一些体育运动和体力劳动能促进消化，增进食欲，但是饭后剧烈运动会抑制消化。饭后应安排幼儿进行较安静的室内活动。饭后宜轻微活动，不宜立即午睡，最好组织幼儿散步15~20分钟再入睡。

4. 培养幼儿定时排便的习惯

让幼儿养成定时排便的习惯。组织幼儿经常参加运动，多吃蔬菜、水果，搭配一些粗粮，多喝开水，预防便秘。

五、排泄系统

人体新陈代谢的终产物，如二氧化碳、尿素、尿酸和无机盐，在人体内积存过多是有害的，必须及时排出体外。二氧化碳和一部分水由呼吸系统通过呼气排出，一部分废物由皮肤通过汗液排出，大部分废物则是由泌尿系统通过尿液排出体外。人体泌尿系统由肾、输尿管、膀胱和尿道组成。

（一）幼儿泌尿器官的发育特点及保育要求

1. 幼儿泌尿器官的特点

幼儿的泌尿器官处于生长发育的过程中，幼儿的肾脏是形成尿液的主要器官，若患病会影响肾的发育。幼儿的膀胱肌肉层较薄，弹性组织发育不完善，所以储尿机能较差，3～7岁幼儿每昼夜排尿7～10次。幼儿排尿次数较多，主动控制排尿的能力也较差，常有遗尿现象。此外，幼儿尿道较短，黏膜薄嫩，容易发生尿路感染。

2. 幼儿泌尿器官的卫生保健

（1）培养幼儿及时排尿的习惯

在组织活动及睡觉之前均应提醒幼儿排尿，但注意不要太频繁地让幼儿排尿，否则会影响正常的储尿功能而引起尿频；不要让幼儿长时间憋尿，这样不仅难以及时清除废物，还容易发生尿道感染。对于有尿床习惯的幼儿，要做好遗尿的防范工作，要为其安排好合理的生活制度。一旦发生尿床，应及时为幼儿更换内裤，切勿责怪惩罚幼儿。

（2）保持会阴部卫生，预防尿道感染

每晚睡前应给幼儿清洁会阴部，要有专用的毛巾、盆子。尽量不要让幼儿穿开裆裤。厕所、便盆要每天洗刷，定期消毒。教会幼儿擦屁股的正确方法，即由前往后擦，以保持会阴部的清洁。每天适量喝水，既可满足人体新陈代谢的需要，及时排出废物，又可通过排尿起到清洁尿道的作用。

（二）幼儿皮肤的特点及卫生保健

1. 幼儿皮肤的特点

皮肤覆盖于身体表面，由表皮、真皮和皮下组织构成。皮肤具有保护、调节体温、感受刺激和排出废物等功能。

幼儿皮肤薄嫩，保护功能差，易受损伤和感染。幼儿皮肤中毛细血管丰富，流经皮肤的血量比成人多，皮肤表面积也相对比成人大。幼儿在外界温度变化时，往往难以适应，这是幼儿易患感冒的原因之一。

2. 幼儿皮肤的卫生保健

（1）保护皮肤最好的方法是保持皮肤的清洁

实验表明，清洁的皮肤有一定的杀菌能力。如果把副伤寒杆菌分别放在清洁的皮肤和不清洁的皮肤上，10分钟后观察，清洁的皮肤上副伤寒杆菌死亡率达85%，不清洁的皮肤上副伤寒杆菌死亡率仅有5%。这说明清洁的皮肤对人体有保护作用。所以，我们应教育幼儿养成爱清洁的习惯，教育幼儿每天擦洗身体裸露的部分，如脸、颈、手、耳。幼儿洗手洗脸后应使用儿童护肤品。在幼儿园，教师应根据幼儿的年龄特点，培养良好的盥洗习惯，养成手、脸脏了就洗的好习惯。尤其在夏天更要注意皮肤的清洁卫生。

（2）加强体育锻炼和户外活动

组织幼儿进行适当的体育锻炼，并保证每天有一定的户外活动时间。户外活动可使幼儿接受阳光的照射和气温气流的刺激，从而提高幼儿耐寒和抗病的能力。

（3）预防和及时处理皮肤外伤

幼儿活泼好动，缺乏生活经验和安全意识，所以很容易发生皮肤损伤。教师应对幼儿进行必要的安全教育，预防意外事故发生。皮肤一旦发生损伤，一定要对伤口及时处理。

六、内分泌系统

人体内分泌系统由许多的内分泌腺组成，其主要功能是调节身体的代谢、生长发育、生殖、适应和免疫机能。人体内主要的内分泌腺有甲状腺、甲状旁腺、肾上腺、胰岛、性腺、胸腺、松果体和垂体。

（一）幼儿内分泌系统的特点

1. 幼儿甲状腺的特点

甲状腺是人体最大的内分泌腺，它位于颈前喉头下方，分为左、右两叶，中间有一峡部相连。在婴儿初期甲状腺生长较缓慢，2岁以后甲状腺生长增快，青春发育期甲状腺生长明显加强，尤其是女孩。以后甲状腺接近成人，重20～30g。甲状腺分泌甲状腺激素和降钙素。甲状腺激素促进全身组织细胞的新陈代谢及生长发育，尤其对幼年机体的骨骼、生殖器官与神经系统的生长发育有促进作用。

高原山区的土壤、饮水、蔬菜、粮食中，含碘量较少。而碘是甲状腺合成甲状腺激素必不可少的原料。因此，缺碘就会造成甲状腺激素分泌不足，引起甲状腺机能减低。小儿机体新陈代谢降低，脑组织和骨骼不能充分发育，出现身体矮小、智力低下的症状，称为呆小症。如在1岁之内及时适量补充甲状腺激素，大脑功能可能恢复正常。如不及时治疗，以后尽管补充大量甲状腺激素，即使身体长高了，但智力仍是低下的。甲状腺增大并分泌甲状腺激素过多的小儿，则患有甲状腺功能亢进症，临床上出现精神紧张、心动过速、怕热、多汗、食欲亢进、消瘦等症状。

2. 幼儿脑垂体的特点

脑垂体位于脑底部，它分泌多种激素，对儿童的生长、发育及成熟起着重要的作用，并能调节其他内分泌腺的活动。在幼年时期，若脑垂体所分泌的生长素不足，会出现"侏儒症"，患者生长发育迟缓，身材矮小，性器官发育不全，但智力一般正常，这与甲状腺功能低下所引起的呆小症患者不同。若幼年时期生长素分泌过多，则过度生长，称为"巨人症"。

（二）幼儿内分泌系统的保育要求及措施

1. 保证幼儿睡眠的质量

一个孩子能长多高，既受遗传因素的影响，又受后天环境的影响。脑垂体分泌的生长激素在一昼夜间并不均匀。孩子在夜间入睡后，生长激素才大量分泌。所以，孩子长个子，主要是在夜里静悄悄地长。睡眠时间不够、睡眠不安，就会影响孩子的身高，使遗传的潜力不能充分发挥。幼儿园应组织好幼儿的睡眠，使幼儿睡眠时间充足，睡得踏实。

2. 安排好幼儿的膳食

碘是合成甲状腺激素的原料。人若缺碘，除了脖子粗以外，最大的威胁是幼儿的智力发育、听力下降以及言语障碍等。所以，供给幼儿的饮食中要注意补碘，如食用加碘盐，多吃海带、海鱼，以保证幼儿生长发育的正常需要。

七、神经系统

神经系统是人体主要的调节机构，它在人体的各个系统中处于支配地位。

其组成包括由脑和脊髓构成的中枢神经系统以及由脑神经、脊神经和植物神经构成的周围神经系统。

（一）幼儿神经系统的发育特点

幼儿神经系统是怎样发育的？神经系统在胚胎时期就是发育较早的器官，在出生后它仍然处于迅速的发育过程中。脊髓和延髓在孩子出生后机能已很发达，这就保证了呼吸、消化、血液循环和排泄等器官的正常活动。

1. 小儿脑的生长很快

1岁时达900g，6～7岁时达1300g，已接近成人的脑重（成人是1400g）。幼儿从出生到6岁，脑量的变化是非常快的，说明幼儿神经系统在形态上和机能上发展的速度以及心理发展速度都是迅速的。近年来许多研究认为，幼儿时期，特别在5岁以前是孩子智力发展非常迅速的时期。

2. 小脑的发育特点

小脑发育比较晚，这是幼儿早期肌肉活动不协调的重要原因。3岁开始，小脑的机能逐渐加强，肌肉活动的协调性也随之增强起来。

3. 高级神经活动的特点

大脑皮层的发育是随着年龄的增长而逐渐发育成熟的。2岁以后利用第二信号系统形成条件反射。3岁左右的孩子大脑皮层的神经细胞体积不断增大。4～5岁，髓鞘化过程迅速进行，使神经传导更加迅速而精确，大脑皮层的发育基本完成，已初步具有分析综合能力。4～6岁，大脑皮层的分析综合活动日趋复杂，能开始表达自己的思想。5岁左右能比较容易地形成读书和写字的条件反射。6岁已经能逐渐形成一些较抽象的概念，而且有较强的模仿性和丰富的想象力。

（二）幼儿神经系统的保育要求及措施

1. 制定和执行合理的生活制度

幼儿园应根据幼儿的生理特点，为不同年龄段的幼儿安排一天的活动时间和内容。活动内容和方式应注意动静交替，使大脑皮层的神经细胞轮流地工作和休息，以免疲劳。为此，制定幼儿的生活制度应做到：一天中游戏时间多，上课时间少；各项活动时间短，内容与方式多变；进餐间隔时间短，睡眠时间长；生活自理时间比较多等。总之，生活有规律，使幼儿大脑皮层在兴奋与抑制过程中有规律地交替进行，可以更好地发挥神经系统的功能。

2. 保证充足的睡眠

睡眠可使中枢神经系统、感觉器官和肌肉得到充分休息。睡眠是一种保护性抑制，对脑组织的能量消耗减少，而且睡眠时脑垂体分泌的生长激素多于清醒时的分泌量。所以，睡眠与幼儿生长发育关系密切。长时间睡眠不足会影响婴幼儿身体和智力的发育。儿童年龄越小，神经系统越脆弱，所需要的睡眠时间越多。因此，幼儿园要培养幼儿午睡和夜间按时睡眠的习惯。当然也不要让幼儿睡得太多，以免影响幼儿园其他活动的安排。

3. 提供合理的营养

儿童脑组织增长十分迅速，需要充足的营养给予补充。此外脑细胞活动需要消耗大量的能量，这也需要充足的能源物质的供给。营养是大脑发育的物质基础，充足的营养能促进脑的发育。营养不良则会给脑的发育带来不良的影响，使高级神经活动发生障碍，表现为学习时注意力涣散、记忆力减退、反应迟钝、语言发展缓慢等。

4. 创造良好的生活环境，使幼儿保持愉快的情绪

良好的心境、精神愉快是幼儿身心健康发展的基本保证。情绪不愉快、精神过于压抑都会抑制脑垂体的分泌活动，使幼儿消化不良、生长发育迟缓、心理不能得到健康发展。幼儿园保教人员要爱护每一个幼儿，全面细致地照顾他们，努力为幼儿创造一个轻松愉快的精神环境。坚持正面教育，不伤害幼儿的自尊心，不歧视有缺陷的幼儿，严禁体罚或变相体罚幼儿。

5. 开发右脑，协调左右脑

"人有一个头，但有两个大脑半球"，它们的功能是不同的，各具特点。左脑半球主要通过语言和逻辑来表达内心世界，负责理解文学以及数学计算。右脑半球主要通过情感和形象来表达内心世界，负责鉴赏绘画、欣赏音乐、欣赏自然风光、凭直觉观察事物、把握整体等。开发右脑是婴幼儿知识积累的基础，能使儿童的观察力、思考力加强。引导孩子多做体育性游戏和全身性运动，这样能促进幼儿脑的发育，提高神经系统反应的灵敏性和准确性。为使大脑两半球均衡发展，应让幼儿两手同时做手指操，进行攀爬和做各种幼儿体操，还应注意让幼儿尽早用筷子进餐，学会使用剪刀，玩穿珠子游戏等。幼儿多动手，在活动中"左右开弓"，能更好地促进大脑两半球的发育。另外，可选择一些曲调优美、

轻柔、明快但没有歌词的曲子，在幼儿游戏、画画、吃饭时欣赏。

八、感觉器官

人体与外界环境发生联系、感知周围事物的变化，都是通过感觉器官来实现的。人的感觉包括视觉、听觉、嗅觉、味觉和皮肤觉。

（一）幼儿眼的发育特点及保育

1. 幼儿眼的发育特点

视觉器官的主要组成部分是眼球。眼球由眼球壁及其内容物（折光装置）构成。眼球壁包括外膜、中膜和内膜，眼球的折光装置包括房水、晶状体与玻璃体。幼儿眼球的前后径较短，近处物体经折射后形成的物像落在视网膜的后方，故呈生理性远视。以后随年龄的增长，眼球前后径逐渐增长而被矫正。一般5～6岁转为正视。幼儿晶状体的弹性大，调节力较强，所以能看清较近的物体，但较长时间地看近距离物体，也会使睫状体过度紧张而疲劳，晶状体凸度加大，可发生调节性近视，又称假性近视。调节性近视若不及时矫治，会发展为轴性近视，又称真性近视。

2. 幼儿眼的保育要求及措施

幼儿眼球发育还不完善，可因各种因素而影响视力。所以，幼儿园必须积极创造条件，保护好幼儿的视力。

（1）教育幼儿养成良好的用眼习惯

教师在组织幼儿教学活动中要帮助幼儿保持看书、写字和绘画的正确姿势。眼睛与书本应保持一尺左右的距离；不躺着看书，以免眼与书本距离过近；不在走路或乘车时看书，因身体活动可导致书与眼的距离经常变化，极易造成视觉疲劳；用眼时间不宜过长，如看电视、玩电脑游戏一次不要超过半小时；集中用眼一段时间后远望或去户外活动，以消除眼部疲劳。

（2）注意科学采光

幼儿活动室窗户应大小适中，自然光充足。教育幼儿不在光线过强或过暗的地方看书、画画。

（3）加强安全教育，预防斜视

教育幼儿不玩可能伤害眼睛的物品，如小刀、剪子、竹签。不撒沙子，预防眼外伤。定期为幼儿调换座位，以防斜视。照顾视力有问题的幼儿，合理安排他们的座位。

（4）培养良好的卫生习惯

教育幼儿不要用手揉眼睛，不用他人的毛巾和手帕，预防眼传染病。

（5）定期检查幼儿的视力

幼儿期是视力发育的关键期，也是矫治视觉缺陷效果最明显的时期。所以应定期检查幼儿的视力，以便及时发现有无异常，及时矫治。在日常生活中，如果发现孩子有以下表现，应及时告知家长带幼儿到医院检查是否有斜视：幼儿看东西时喜欢歪头偏着脸、眼睛怕光、看图书过近、手眼协调差等。

（6）幼儿用书应注意的问题

字体宜大，字迹应清晰。另外教具玩具应大小适中、颜色鲜艳、画面清楚。

（二）幼儿耳的发育特点及保育

1. 幼儿耳的发育特点

人耳可分为外耳、中耳和内耳三部分。外耳和中耳是声波的传导器，内耳具有位置觉、平衡觉和感音作用。

外耳包括耳廓、外耳道和耳垂三部分。耳廓主要收集声波。中耳包括鼓膜、鼓室和咽鼓管，鼓膜是半透明薄膜，把声波传入中耳鼓室。当吞咽、打哈欠时管口开放，空气由咽部进入鼓室，以保持鼓室内外空气压力平衡，使鼓膜正常振动。内耳可以感受声音，保持平衡。

幼儿的耳正处在发育过程中，外耳道比较狭窄，外耳道壁尚未完全骨化。幼儿的咽鼓管与成人相比，既短又粗，而且倾斜度小，所以当咽、喉和鼻腔感染时，很容易引起中耳炎。又由于硬脑膜血管和鼓膜血管相通，所以中耳炎又可引起脑膜炎。中耳炎治疗不及时，还会导致耳聋。

2. 幼儿耳的保育要求及措施

（1）禁止用锐利的工具为幼儿挖耳

外耳道内分泌的耵聍有保护作用，在张口、咀嚼时会自行脱落。若耵聍较多，发生栓塞，可请医生用专门的器械取出。对幼儿不能随意用耳匙在无照明条件下取出耵聍。挖耳容易损伤外耳道，引起外耳道感染。若不慎损伤鼓膜，会影响听力。

（2）预防中耳炎

保持鼻、咽部的清洁，既可预防感冒，又可预防中耳炎。要教会幼儿正确的擤鼻涕的方法，同时擤鼻涕时不要用力太大，以免将鼻咽部的分泌物挤入中耳，导致感染。不要让幼儿躺着进食、喝水。如果污水进入外耳道，可将头偏向进水一侧，单脚跳几下，将水排出。

（3）减少噪声，发展幼儿听力

要教会幼儿听到过大的声音时捂耳或张口，预防强音震破鼓膜。成人与幼儿说话不要大声喊叫。幼儿的听力是随听觉器官的不断完善和各种训练而不断发展的，幼儿园可组织各种游戏活动，如音乐欣赏、唱歌、韵律活动等以培养幼儿的节奏感，丰富幼儿的想象力并教育幼儿辨别各种细微而复杂的声音，如刮风、鸟鸣等。

九、生殖系统

人类繁衍后代是通过生殖系统完成的。生殖系统可分为外生殖器和内生殖器两部分。男性外生殖器官主要有阴茎和阴囊，内生殖器官有睾丸、输精管、精囊、射精管和前列腺等。女性外生殖器官主要有大阴唇、小阴唇、阴蒂和前庭大腺等，内生殖器官有输卵管、子宫、阴道及卵巢。

（一）幼儿生殖系统的发育特点

幼儿的生殖系统发育缓慢，青春期以后才开始迅速发育，但幼儿期已有性心理的萌芽。有少数幼儿有生殖器官的卫生问题，所以我们也不能忽视幼儿生殖器官的保养问题。

（二）幼儿生殖器官的保育要求及措施

1. 保持外生殖器官的卫生

培养幼儿每天清洗外阴部的习惯。毛巾、盆子要专人专用，预防疾病的交叉感染。毛巾洗后要日晒或用其他方式经常消毒。

2. 幼儿的内裤注意事项

幼儿内裤应为棉质，吸收力强，透气性好，宽松舒适。父母要每天给孩子更换小内裤。清洗内裤时，单独清洗，不要和其他衣物混在一起洗。

第二章 幼儿养育

第一节 幼儿养育的特征与意义

一、养育的本质

（一）幼儿养育现象

按照对教育现象及其内在含义的理解，幼儿养育现象是以培养幼儿为主体内容的幼儿养育实践活动的外在表现形式，以各种形式客观地存在于幼儿养育实践活动之中。幼儿的教育实践活动比其他任何教育阶段的教育实践活动更加复杂多样、丰富多彩，除了教学活动中反映的教学现象外，幼儿的生活活动、游戏活动、节日活动、外出活动等教育实践活动中都包含着五彩缤纷的教育现象，这些教育现象有积极的、正面的，也有消极的、负面的，而且任何阶段的幼儿养育现象都会这样客观地存在着。透过对这些形形色色的幼儿养育现象的分析、比较、归纳和概括，经过去粗取精、去伪存真，找到他们之间必然的、普遍的、内在的和稳定的联系，就能够在一定意义上揭示幼儿养育的本质。

（二）幼儿养育本质

按照对教育本质的理解，本研究给幼儿养育本质的操作性定义为：幼儿养育的本质是指依据儿童属性而开展的一种有别于其他阶段的教育活动及其内在要素之间的基本关系。这里是从内外两个角度看待幼儿养育的。幼儿养育如同其他学段的教育一样，不但要关注幼儿养育的内部要素，也要关注幼儿养育学段与其他学段特别是与邻近学段的区别与联系，只有厘清这些关系，才能真正把握幼儿养育的本质。

幼儿养育的基本要素主要包括幼儿、幼儿教师、教育活动和教育环境四个要素，从教育理论和实践中探寻这些基本要素之间的根本联系，抽取出共性的东西，能够在一定意义上揭示幼儿养育的真谛。另外，幼儿养育是一个独立的学段，与相邻的小学教育既相互衔接又有着根本的区别，二者在教育性质、教育任务、课程设置、教育方式方法、教育的要求以及对教师的专业要求等方面都有所不同。

从性质上看，幼儿养育目前还属于非义务教育，而小学教育是义务教育，义务教育具有"强制性""普及性"等特点，就是说家长必须把适龄儿童送进学校接受教育，让每个适龄儿童接受义务教育是学校、家长和社会的共同责任。而属于非义务教育的幼儿养育，虽然国家和社会也提倡送适龄儿童入园接受基本的、有质量的学前教育，但还不是一项强制性的任务，家长还可以根据情况自主选择是否送适龄儿童入园。在这一点上，幼儿养育与小学教育就有很大的区别。

从教育任务看，幼儿养育的任务是保教结合，教育要寓于幼儿的生活和活动之中，幼儿教师要在保障幼儿身心健康的前提下实施体、智、德、美、劳全面发展的教育，照顾好幼儿的一日生活和保障生命安全这一保育任务是与教育任务同等重要的，甚至可以说是前提性的。在某种意义上幼儿养育的复杂程度远远超过了小学教育。

二、养育的基本特征

（一）以保障幼儿身心健康为前提，使幼儿获得快乐幸福

1. 幼儿养育是以保障幼儿身心健康为前提的教育

从幼儿自身的角度来看，将身心健康作为本质特征的主要理由：一是3～6岁的幼儿，其动作和身体机能都未发育完善，生活自理能力较差，在吃、喝、拉、撒、睡等方面都需要成人的照料，同时，他们的语言和思维能力尚处在初步发展阶段，还不能很好地控制自己的情绪、情感和表达自己的想法，在情绪和情感上对成人有较强的依赖性，各种心理能力还较弱，这些特点决定了幼儿教师不但要在生活上照料好幼儿，还必须担负起对其良好情绪情感、健康个性品质以及社会性品质与行为的积极关注与呵护，以保证幼儿身心健康、全面地发展；二是对于幼年儿童来说，健康比人生的任何阶段都更重要，若在人生的早期打下一个好的身体基础，不但便于抚养，而且有利于对其实施科学合理的全面发展教育；倘若缺失了这一基础，所谓的潜能开发和全面发展教育可望而不可即。

当然，关于保护幼儿身心健康问题在认识与行动上还存在一定差距，在幼儿养育实践中，忽视幼儿身心健康、剥夺幼儿身心健康权利的做法还时有发生，如重教育轻保育、缩短幼儿每日户外活动时间、超额编班缩小幼儿活动空间、对有特殊心理需求的幼儿视而不见等做法，都在一定程度上影响着幼儿的身心健康。幼儿心理健康问题是不容忽视的，幼儿不健康的心理表现已经频频向我们敲响了警钟。

积极心理学积极预防思想认为，人类自身存在着可以抵御精神疾病的力量，即勇气、关注未来、乐观主义、人际技巧、信仰、职业道德、希望、诚实、毅力和洞察力等，预防的大部分任务将是建造一门有关人类力量的科学。虽然这一思想更多的是指向成年人，但提醒我们预防比矫治更有效，而且人类自身从一开始就有这种抵御精神疾病的能力，应该从儿童生命的初期就关注他们的身心健康，而不是等到发现了问题才去矫治。

2. 幼儿养育是使幼儿获得快乐幸福的教育

幼儿养育是人生接受教育的起始阶段，倘若在这个起始阶段我们能够让幼儿获得足够的快乐和幸福，这将对他一生的成长和发展有不可估量的积极影响。

幼儿在温馨宽松、充满关爱和欢乐的幼儿园环境中，与教师发生着心与心的交流、灵魂与灵魂的碰撞和对话，像禾苗渴望甘露一样汲取着知识，教师不再是简单地给予和硬性地要求，不再简单地关注幼儿今天学习了什么、学会了什么，是否有立竿见影的教育效果，更关注幼儿是否有积极自主的探索和快乐幸福的体验。教师组织的各种教育教学活动，开展的各类游戏活动，包括一日生活的各个环节，关键是要看幼儿是否获得了快乐的体验和感受，幼儿是否在幸福快乐中开心地游戏、愉快地学习、享受着童年的欢乐。这样的教育使教师和幼儿成为知己，幼儿的学是快乐的，教师的教也是幸福的。

其实，孩子的快乐幸福很简单，但绝非仅限于物质上的满足。用孩子们的话说，快乐是一种心情，是大家露出笑的表情：快乐就是我和妈妈每天去看我在幼儿园种的小种子，它在发芽，在一天天长大；快乐是我每天看班里的小蚕长大；快乐就是和爸爸、妈妈一起捉迷藏；我睡不着的时候妈妈坐在我床边讲故事，我很幸福；爸爸、妈妈带我去公园，我很开心幸福；老师给我一个大大的拥抱，我很幸福。孩子的幸福真的很简单。但是，由于我们成人想从孩子们身上挣来荣誉的补偿，掠夺成就感，结果孩子由一个活泼、积极、好动的人变成一部记忆的机器，这是不对的。不能用一堵墙把孩子与周围世界隔离开，不能让孩子失掉欢快的精神生活。孩子生活在游戏、童话、音乐、幻想、创作的世界中时，他的精神生活才有充分价值；没有了这些，他就是一朵枯萎的花朵。是的，幼儿养育应该尊重儿童的精神生活，允许和鼓励儿童的自然天性得到充分的展现，应该使儿童内在的需求得到充分的满足，这样的幼儿养育才能让孩子获得真正的快乐和幸福。

（二）培养幼儿初步良好习惯，使之心智得到科学启蒙

1. 幼儿养育是初步培养幼儿良好习惯的教育

习惯是经过反复练习而养成的语言、思维、行为等生活方式，它是人们头脑中建立起来的一系列条件反射，从心理机制上看，它是人的一种需要。习惯具有后天性、稳固性和可变性、自动性和下意识性，以及情境性等特征。这说明习惯不是天生的，要经过较长时间的培养和训练才能养成，习惯一旦养成便具有稳固性、自动性和下意识性，当然习惯也具有情境性和可变性，养成良好的习惯对人一生的成长与发展意义重大。

幼儿养育是人生起始阶段的教育，依据习惯具有的后天性特征，一切好的习惯都应该从幼儿阶段开始培养。当然培养习惯不是一蹴而就的，我们也不能要求在幼儿阶段要完全培养出各种好习惯，而是要根据幼儿不同的发展水平和特点，考虑每个孩子的个体差异，有针对性地培养幼儿最基本、最需要的良好习惯，如生活卫生习惯、文明礼貌习惯、规则习惯、劳动习惯、学习习惯等。所以，培养幼儿初步的良好习惯是幼儿养育的本质特征之一。

2. 幼儿养育是合理科学启迪幼儿心智的教育

心理学研究认为，儿童一出生快速发育的大脑提供了启迪心灵智慧的可能性，从出生之日起，孩子就是一个对周围环境积极主动的探索者，在语言、动作、情感及社会性等方面有着惊人的发展潜能。从解剖学来看，幼儿的大脑除了体积小点之外，与成人的大脑相似。在生命的最初几年，大脑快速发育、体积迅速增大，大脑在儿童10岁左右的时候便完成了发展。关于大脑是如何学习的，蒙台梭利（Maria Montessori）对此有独到而精辟的见解，她认为儿童一出生就是一个具有吸收力心智的个体，儿童的心智随着其年龄的增长而增长。同时，她进一

步具体阐述了教育怎样为儿童生命成长提供帮助，认为教育应该从儿童刚刚降生就开始，并指向儿童一生的发展。她不但提出了至今看来仍然超前并富有启发性的教育理念，而且在其著作里处处都能见到她关于幼儿养育如何启迪幼儿心智的具体建议，如果教师能够尊重孩子的自由，对孩子有信心，如果教师能够谦虚一些，不把他的指导当成是必要，如果教师懂得耐心等待——他一定会看到孩子所发生的全新转变。

当然，不可否认的是，我们今天的一些教师和家长更多地追求工具价值取向，追求立竿见影的教育效果，追求看得见的成长，局限于教师今天教了什么，孩子学会了什么。著名教育家陶行知先生提出的儿童教育的"六大解放"，能够给予我们启迪儿童心灵智慧的方法和建议，值得借鉴。综上所述，幼儿养育应该是并且能够启迪幼儿心灵智慧的教育。

（三）以理解尊重幼儿为先导，全面保教关爱幼儿为灵魂

1. 幼儿养育是以理解尊重幼儿为先导的教育

现代儿童观认为，幼儿是有独立人格、独特生命的个体，幼儿有完全不同于成人的特征，幼儿的成长与发展有其自然的规律，自然规律是不可违背的。幼儿和成人一样，也有被尊重的需要，他们也渴望得到像尊重成人一样的尊重。渴望自己长大了也做园长，以期得到全园老师和小朋友的尊重；要求家长以温和的态度、和善的语言，注视着自己的眼睛讲话；希望家长能够尊重他的选择权利，而不是强硬地安排他做不喜欢、不愿意的事情。可见，被理解、被尊重也是幼儿的心理需求之一。

幼年时期是人的自然性占主要地位的时期。尊重儿童的自然天性首先要尊重幼儿的生命，尊重幼儿身心发展的自然规律，尊重幼儿的本能和天性。其次，要尊重幼儿的个性差异，尊重幼儿的人格和权利，尊重幼儿的主动性和选择性，尊重幼儿的兴趣和爱好等。要对幼儿实施有效的教育，必须以理解和尊重幼儿为前提。因为教育依赖于儿童成熟的水平和现有的发展水平，当儿童尚未达到某种成熟程度便进行难度明显高于这一水平的教育活动时，这种教育对儿童来说是徒劳无功甚至是有害的。格塞尔（Gesell）的"双生子爬梯实验"和维果斯基（Lev Vygotsky）的"最近发展区"理论都充分地证明了这一点。格塞尔的实验结果表明，学习的效果依赖于成熟的水平，不成熟便无从产生学习，成熟比学习更重

要。维果斯基的"最近发展区"理论也要求教师在尊重儿童现有发展水平的前提下，提供支架式支持，促使儿童达到第二发展水平。

2. 幼儿养育是以保教关爱幼儿为灵魂的教育

保教关爱是指在保育和教育活动中教师对幼儿的关心和爱护。保育关爱的做法在幼儿养育实践中也随处可见。例如：进餐时，老师会以各种各样的理由说服挑食的孩子，目的是让每个孩子都能从食物中得到均衡的营养；会耐心等待动作慢的孩子，允许他们把最后一口饭细嚼慢咽；午睡时，老师会营造温馨舒适的睡眠环境，放一首催眠的音乐或者讲一个动听的故事；如厕时，老师既鼓励孩子自立也会帮助能力弱的孩子……这都是保育中的关心和照顾。当然，在保育过程中也有教师对幼儿关心和照顾不够的种种表现，甚至出现对幼儿的虐待行为，这与幼儿身心发展的需求是不相称的，与幼儿养育对幼儿教师的专业要求也是相悖的，应予以纠正。

3~6岁幼儿时期是人生的特殊时期，幼儿自理自立的能力还较弱，在生活上还离不开成人的照顾与帮助，特别是幼儿离开熟悉的家庭环境、朝夕相处的亲人进入陌生的环境，接触陌生的老师和伙伴，加上活动的相对不自由和集体生活规则的约束，无论从生理上还是心理上，幼儿都会产生极大的恐惧感和不安全感，在生活、交往和情感等方面出现各种不适应问题，更需要教师给予孩子父母般的保育关爱。在教育活动中，幼儿独特的身心发展规律与学习特点，有明显的个性差异，具有强烈的好奇心和探索精神，也需要教师付出极大的耐心和爱心，对每一个生命予以关爱和尊重，不厌其烦地努力探索幼儿可以接受的话语方式、合作方式、学习方式和教育方式，脸上始终洋溢着发自内心的笑容，倾听花开的声音，快乐着幼儿的快乐，幸福着幼儿的幸福，这便是大爱。

三、养育的意义

（一）帮助儿童实现自己作为人的全部潜能的权利

保障儿童基本的生存权和发展权是各国早期教育政策的基本出发点，也是各种早期教育方案的宗旨和目标。在帮助儿童尤其是社会处境不利的儿童实现自己的基本权利方面，学前教育的作用是十分明显的。

（二）传递人类社会文化

社会文化传递对于受教育者个人而言具有发展与适应价值，对于社会而言则具有工具价值。这双重价值统一在学前教育的过程之中。由于"儿童是未来"，"未来的新人"始于"现在的幼儿"的价值期待，当前世界各国自然而然地把教育尤其是早期教育视为传递社会文化价值体系的工具。从各国早期教育的实践中不难发现，社会知识、道德、习俗甚至政治和宗教等系统明显或隐蔽地渗透在早期教育的内容之中，影响着儿童从所谓"自然人"向"社会人"转变的过程。

（三）增加社会产出和减少社会成本

早期教育的经济价值是吸引政府投入大笔资金的原因之一：它有可能提高幼儿的身体和心智能力，影响学校招生以及日后成人的行为方式和习惯；早期智力训练有助于儿童日后对于知识的分类、迁移以及更有效地使用信息；早期智力教育使得日后工作中的技术适应更加容易。学前教育的经济效益还可以通过提高就业机会来实现。学前教育机构的普及和保育教育质量的提高，使得妇女劳动大军的增长成为可能。

（四）为个体的成年生活打下坚实的基础

长期而全面的追踪研究结果证实，适宜儿童发展的早期教育对其身体、智力以及社会适应等方面的影响可能是永久性的。当然，不适当的教育也可能会产生消极的结果，如急功近利、过早过多的读写算训练可能会使儿童感到过大的学习压力，而造成对学习的恐惧和厌恶，以及对自己的"无能感"和自信心的丧失。所幸的是，人们也已经意识到这一问题，在提高学前教育质量的方面开展大量的工作，并广泛展开国际性联合研究。

第二节　养育的心理学理论

一、发展的系统观

心理学家布朗芬·布伦纳（Urie Bronfenbrenner）认为对儿童发展特点的研究要强调其发展的情景性，并提出了生态系统理论的观点。布朗芬·布伦纳认为发展心理学生态化是指，发展心理学研究应当在自然环境和具体的社会背景下探讨个体发展问题的一种研究取向。在生态系统理论出现之前，人们对儿童心理发展过程的研究主要集中在某一特定环境下，针对儿童的某一特定行为进行实验或观察。有时为了使实验精确常常对儿童的行为加以约束，或引导其产生某种行为。

传统的发展理论和研究，引发了对人类发展基本问题的争论，主要包括三个方面：第一，遗传和环境在心理发展中的作用问题；第二，发展的主动性和被动性。主要是发展理论学家关于儿童是自身发展的积极参与者还是环境影响的被动接受者的争论；第三，发展的连续性和阶段性问题。布朗芬·布伦纳用生态系统理论对人类发展的基本问题和争论作出了与众不同的解释，针对环境对幼儿发展的影响提出了详细的分析。这将使幼儿心理发展的研究范围拓展得更宽。

布朗芬·布伦纳在其理论模型中将人生活于其中并与之相互作用的不断变化的环境称为行为系统。该系统分为四个层次，由小到大分别是：微系统、中系统、外系统和宏系统。这四个层次是以行为系统对儿童发展的影响直接程度分界的，从微系统到宏系统，对儿童的影响也从直接到间接。

环境层次的第一层次是微系统，指个体活动和交往的直接环境，这个环境是不断变化和发展的。随着幼儿的不断成长，活动范围不断扩展，幼儿园、学校和同伴关系不断纳入幼儿的微系统中来。对学生来说，学校是除家庭以外对其影响最大的微系统。布朗芬·布伦纳强调，为认识这个层次儿童的发展，必须看到所有关系是双向的，即成人影响着儿童的反应，但儿童决定性的生物和社会的特性——其生理属性，人格和能力也影响着成人的行为。当儿童与成人之间的交互反应很好地建立并经常发生时，会对儿童的发展产生持久的作用。但是当成人与儿童之间关系受到第三方影响时，如果第三方的影响是积极的，那么成人与儿童之间的关系会更进一步发展。相反，儿童与父母之间的关系就会遭到破坏。例如，婚姻状态作为第三方影响着儿童与父母的关系。当父母互相鼓励其在育儿中的角色时，每个人都会更有效地担当家长的角色。

第二层次是中系统，中间系统是指各微系统之间的联系或相互关系。布朗芬·布伦纳认为，如果微系统之间有较强的积极联系，发展可能实现最优化。相反，微系统间的非积极的联系会产生消极的后果。儿童在家庭中与兄弟姐妹的相处模式会影响到他在学校中与同学间的相处模式。如果在家庭中儿童处于被溺爱的地位，在玩具和食物的分配上总是优先，那么一旦在学校中享受不到这种待遇则会产生极大的不平衡，就不易于与同学建立和谐、亲密的友谊关系，还会影响到教师对其指导教育的方式。

第三层次是外系统。是指那些儿童并未直接参与但却对他们的发展产生影响的系统。例如，父母的工作环境就是外层系统影响因素。

第四层次是宏系统。指的是存在于以上三个系统中的文化、亚文化和社会环境。宏系统实际上是一个广阔的意识形态。它规定如何对待儿童，教给儿童什么以及儿童应该努力的目标。在不同文化中这些观念是不同的，但是这些观念存在于微系统、中系统和外系统中，直接或间接地影响儿童知识经验的获得。

布朗芬·布伦纳的模型还包括了时间纬度，或称作历时系统。把时间作为研究个体成长中心理变化的参照体系。他强调了儿童的变化或者发展将时间和环境相结合来考察儿童发展的动态过程。随着时间的推移，儿童生存的微观系统环境不断发生变化。引起环境变化的可能是外部因素，也可能是人自己的因素。因为人有主观能动性，可以自由地选择环境。而对环境的选择是随着时间不断推移个体知识经验不断积累的结果。布朗芬·布伦纳将这种环境的变化称为"生态转变"，每次转变都是个体人生发展的一个阶段。比如，升学、结婚、退休等。而布朗芬·布伦纳提出的时间系统关注的正是人生的每一个过渡点，他将转变分为两类：正常的（如入学、青春期、参加工作、结婚、退休）和非正常的（如家庭中有人去世或病重、离异、迁居、彩票中奖），这些转变发生于毕生之中，常常成为发展的动力，同时这些转变也会通过影响家庭进程对发展产生间接影响。

二、学习理论

（一）华生的行为主义心理学理论

在科学心理学不断发展壮大并逐步走向成熟的历史过程中，美国心理学家华生（John Broadus Watson）于20世纪10年代发起的行为主义心理学在该领域占统治地位达半个世纪之久，其在研究对象上主张摒弃内隐的心理、意识，而代之以外显的行为；在研究方法上拒绝内省法而强调严谨、客观的观察与实验；在研究任务上主张将从动物和人类行动的实验中获得的规律，应用于解释和控制人类行为。

（1）习性论华生认为，我们经常称之为"本能"的东西大多是训练的结果，且心理学也并不需要本能的概念，并得出了以下结论：我们并不曾遗传才智、才能、气质、性情及特性那些东西，那些东西都同本能一样，是由学习而得来的，且大致是在摇篮时代学得的。即在旧行为主义心理学眼中人出生就如同一块白板，不存在遗传也不存在本能，同时儿童大抵是不成熟的、是贫瘠的，除了从遗传而来的身体结构之外，空空如也等待别人灌输知识、技能、情感等。

（2）分子式行为旧行为主义的研究对象是从有机体适应环境的意义上客观的、可观察的行为，即机体用以适应环境的反应系统。该反应系统中刺激-反应的连接是行为的基本单位，其中刺激是指环境中的任何客体或有机体的内部状态，反应意指由刺激作用于有机体时随时准备引发的一种固定不变的活动（肌肉收缩、腺体分泌）。因此，旧行为主义者关注的是由特定刺激引起的特定反应，有着明显的起点和终点，且行为仅仅涉及整个有机体，并不应强调意识等在行为中的作用。同时，旧行为主义者认为刺激-反应之间不需要任何间隔时间，且不同情境下的相同刺激会即刻产生固定的一成不变的反应。

（3）否认语言和思维的区别

以华生为代表的旧行为主义心理学否认意识代之以行为为研究对象，否定内省法代之以客观的观察法。因此，思维过程能否归结为可观察的客观现象俨然成为行为主义走向严格的客观心理学道路上的重大问题。华生据其机械行为观主张语言是一种动作习惯，主张"思维外周论"，因而进一步认为语言和思维没有根本区别，都同属于言语习惯。换而言之，言语是外显（出声）的言语习惯，而思维则是内隐（不出声）的言语习惯。

众所周知，思维是人与动物最主要的区别，行为主义将人的思维依据其机械行为观简化为刺激-反应，并将其和语言归于言语习惯。如此，不仅否认思维与言语的根本性区别，同时还降低了人作为万物之灵长的地位，使之与动物别无二致。华生认为行为主义是二十世纪头十年期间研究动物行为的直接的结果，可行为主义的目的是预测和控制人类的行为。不可否认，华生前期对动物的研究对推动行为主义的发生发展具有重大意义，且人与动物之间确实存在许多共性，但这并不意味着我们就可以无视差异，在人与动物之间画等号。纵观其上，不难看出行为主义者否认思维的特殊性，混淆了人与动物的界限，无视人与动物的区别。

（4）情绪

华生力求将有机体的所有反应客观化，在将语言和思维作了行为主义的论述之后，又将情绪这一问题简单地归结为有机体特定刺激下的某种特定的反应，并对幼儿进行实验研究证明了情绪的形成与消退。华生将情绪定位为一种涉及整个躯体的深刻变化，特别是内脏和腺体系统变化的模式反应。

情绪也是人区别于动物的一大特性，因此行为主义研究情绪行为的对象就必将是人，且为明晰成人情绪反应的复杂性不得不从发生的角度研究儿童。华生以儿童为研究对象，利用客观操作的物质环境下的特定刺激进行情绪行为实验。在一定的程度上表明，行为主义者从对动物的研究转为对人的研究，从人身上得到的研究成果递推于人的身上具有一定的可行性。而实际上，人所处的环境是复杂的、多变的，其在单一背景下研究，结果具有很大的局限性。再者，以身心不完备的幼儿作为实验对象，并对其造成巨大影响的做法严重违反了实验的伦理性原则。

（二）斯金纳的程序教学理论

1. 理论概述

斯金纳（Burrhus Frederic Skinner），美国著名的心理学家和教育学家，新行为主义教育流派的代表人物，建立了程序教学理论。他贡献颇多，提出了操纵性条件反射和强化理论。操作性条件反射学说认为，在幼儿做出积极反应之后，刺激伴随发生，继而强化刺激；强化理论中强化又分为正负强化。程序教学便是把这些理论应用到教学之中，不仅能够使幼儿学习健康教育知识变得系统化、科学化，而且也为教师指导教学提供了合理有效的方法，推动了教育手段的发展。他的程序教学理论主要有以下几点：

（1）以"问题"为中心

斯金纳认为，学习是一种行为，当个体学习时反应速率就增强，不学习时反应速率则下降。因此他认为，学习的本质就是反应概率的变化。以"问题"为中心的程序教学以向学生呈现问题的形式来帮助学生解决问题。在传统教学过程中，学生是课堂的被动者。在新教育理念中的教学过程则是以发现问题、解决问题为主要内容，教材呈现的知识以问题的形式出现，学生根据程序做出积极反应的思维活动过程。在程序教学中，还要有可测量的学习目标，将抽象的知识转化为可视、可观察、可评价的行为，教学围绕可陈述的行为目标提出"问题"，具体、明确的目标取代宽泛、模棱两可的目标，即要有可观可感可辨可评的明显的行为变化。

（2）小步子原则

程序教学把教材分解为尽可能小的单元，编成一个循序渐进的、有次序的序列教材，每个单元的学习从易到难，由浅入深。单元的划分根据具体的教学内容和学生发展情况来确定，每单元之间的跨度不大，难度不大，程度建立在前一个单元的基础之上。逐一地呈现给学生，让学生比较简单地获得相关知识，使学生容易接受和体验成功并自我强化，建立起学习的信心。这种小步子的方式使复杂程序循序渐进，过渡自然，在量的基础上有了质的改变，最大限度地调动了学生的学习积极性，使学生主动地去学习。

（3）及时强化原则

教师在教学过程中要做出及时反馈和强化。斯金纳认为，学生在学习的过程中对学习内容做出反应后，教师必须及时反馈，只有这样，才能更有效地塑造或保持行为。操作性条件反射是程序教学的基础，它强调在一个操作发生后，紧接着呈现一个强化刺激，那么这个操作能力就会得到加强；如果这种行为结果没有得到强化，那么它就会消失。因此及时强化这一重要原则要求教师在学生对问题做出反应之后，立刻让其知道其行为的正确与否，尤其是在学生的正确反应之后应通过"奖励"等方式进行及时强化，使其保持信心继续学习，加强学习动力。

（4）自定步调原则

自定步调这一原则适用于个别化教学方式。在传统教学中学习进度在老师的控制下高度一致，这极大地限制了学生的自由发展。而程序教学强调以学生为中心，学习进度不要求完全一致，允许学生根据自身情况进行自由选择，学生在学习中可以根据自己的实际情况做出调整，自己决定学习速度，按自己的步调由浅入深地学习，在学习过程中教师应鼓励学生按照不同的思维方式处理问题。相较于传统教学，这样的教学节约了时间，学习也比较容易成功。也可以激发学生的学习兴趣，使学生稳步前进，通过不断地强化得到进一步的学习成果。

（5）教学机器

为了减轻教师的教学负担，提高教学效率，斯金纳发展了一套教学机器。这是一种帮助教师设计学习材料和设置反馈强化的机器，像程序教材一样将所学的具体内容由浅入深地编成系列，通过机器逐一呈现出来。每次呈现给学生一道问题，学生根据问题做出答案，通过操作功能键显示正确答案，如果答案是正确的，则立即给予肯定，呈现下一问题。如果答案是错误的，允许学生复习或重做。教学机器帮助教师监督学生尽可能地完成任务，并记录错误数据，为教师的教学内容的改善提供依据。

2. 启示

斯金纳的程序教学是根据内在的逻辑关系排列的，目的明确，具有教学适合个体的特点。幼儿可以根据自己的情况进行自由调整，小步子学习是循序渐进的进程，自定步调原则尊重了幼儿的个体差异，有利于激发幼儿学习健康教育知识的兴趣和挖掘学习的潜力，同时也有利于幼儿对于健康知识的掌握和学习能力的培养。因此，把程序教学运用到幼儿健康教育中是可行的。从程序教学理论中我们可以得出以下几点对幼儿健康教育的启示。

（1）关于幼儿健康教育程序教材的开发

程序教学强调编制教学内容是一个"过程"，从教学目标到教学对象，都需要阐述和分析。首先编制者要熟悉整个教材内容，找出具体的行为措施；其次将教学内容分割成许多单元，单元大小适合幼儿的反应程度；再次设计教学内容的顺序，每个单元之间密切联系；最后对于已学过的内容进行间接性的呈现，编制成广为使用的课件。幼儿健康教育内容的选择应依据幼儿的身心发展特点，要贴近儿童健康发展趋势，体现最新教育思想及理念，促进幼儿身心健康发展。

程序教学原则中小步子原则是分阶段设立目标，对幼儿健康教育分单元就是对学习内容进行明确的规定和表述，再把单元分成许多小步子。幼儿在掌握一小步后，再按顺序进入下一步的学习，直到学完每一个单元。这样不仅可以实现目标，还可以激励幼儿不断进步。小步子原则适用于内容繁多的幼儿健康教育，降低了难度，一步一步让幼儿逐渐积累健康经验。

（2）在教学过程中把抽象的教育目标转化为具有内在联系的具体目标

程序教学强调教学必须围绕可以陈述的行为目标进行活动，抽象的、宽泛的目标应该被具体的、明确的目标取而代之。根据以上程序教学对于目标的要求，我们可将幼儿健康教育的具体目标和幼儿健康教育的二级目标、分类目标相联系。具体明确的目标为健康教育活动的开展提供了导向，避免了教育过程中的形式化和盲目追求抽象的目标，为继续创设健康教育的实践活动提供了具体化、指标化的理论基础，使教育活动具有可操作性，有利于提高健康教育内容的科学性和完整性。

（3）增强幼儿教师在教学过程中的设计、决策、反馈以及探索能力

以"问题"为中心的程序教学中斯金纳突出强化的原则，学生对于教师提出有逻辑的问题做出反应后，教师应及时给予反馈评价，让其知道答案正确与否，使其具有一定的强化作用。

在教学过程中，教师要设计具有启发性的"问题"，开展适合于幼儿的教育活动，符合幼儿的最近发展区，在决策教育活动时根据幼儿的问题做出及时调整，牢牢把握幼儿身心发展进程及其特点。小、中、大班的幼儿具有不同的"问题"情景导入，年龄越小越要贴近幼儿的实际生活，与幼儿已有的健康知识经验相契合。"问题"还要具有开放性，便于在活动中使幼儿全员参与，实现教师与幼儿、幼儿与幼儿之间的互动交流，打开幼儿的思维，灵活性越高，学习效果越好。教师依次递进提出的"问题"有利于幼儿在过程中积极参与到活动中，加强幼儿健康知识和技能的学习。

在教学过程中，由于处于具象思维阶段的幼儿易受外界环境影响，所以教师要营造良好的环境氛围，灵活应对幼儿的各种问题，对幼儿进行及时的鼓励，也就是说在幼儿做出反应后，教师不应该注重对错，而是对幼儿做出的反应及时地给予反馈，加以强化。教师作为健康教育的直接实施者，应该根据教学实践不断地探索、研究和开发幼儿健康教育的方法，确保幼儿健康教育的有效性和延续性。

总之，在幼儿的日常生活和教育活动中幼儿教师要不断地思考、分析、总结、创新，不断地调整自己的教育实践过程，把程序教学运用于其中，使自己的能力得到有效的提高，成为儿童健康成长的引导者和促进者。

（4）尊重幼儿健康发展差异，进行个别化的教学方式

斯金纳的程序教学自定步调原则是以个别化教学为前提，斯金纳认为每个

人的发展水平不同，学习进度不同，所以教学要适合个人的特点。幼儿健康教育原则中差异性原则与之相符，教师在实施幼儿健康教育活动的过程中要遵循差异性原则，认识到每个幼儿都是独立的个体，每个幼儿有着不同的兴趣爱好和需求，教师应该尊重个体差异，不能用同一标准去要求所有幼儿。

培养幼儿坚强、勇敢、不怕困难的意志品质和主动、乐观、合作的态度。其实不仅是在体育活动中，在开展健康集体教学活动之余，还要开展个别活动或区角活动，构建有趣的区角活动，让每个幼儿都充分发挥自身的主观能动性，从而满足每个幼儿多样的兴趣爱好和需求，让每个幼儿都能健康快乐地成长和发展。幼儿园区角活动一般都是在每个区域投放大量的操作材料，教师不需要引导，不需要固定集体学习，幼儿根据自己的喜好去选择游戏，根据自己的水平去做工作，在没有压力的情况下尽力挖掘幼儿的潜能。所以，在幼儿教育过程中，教师作为引导者一定要保护幼儿选择、表达自我的权利，对于不合理的要求要采取积极有效的引导方式，并且保护个性的发展。

在理论上方面，斯金纳的程序教学理论在美国应用效果比较显著，对我们今天的教学实践有着强大的借鉴意义。它以"问题"为中心，强调小步子教学、自定步调以及及时强化。把这一思想运用于学前教育健康教育领域，符合幼儿身心发展特点，为幼儿健康教育领域的研究带来了全新的理论体系。通过幼儿的行为与教学相联系，促进了教学设计和教材编制的发展，推动了健康教育领域的发展，促进了我国学前教育事业的发展。但是，程序教学理论也存在一定的局限性，具有逻辑顺序的整体的教材被分割成细小的单元，不利于幼儿从全局把握健康教育知识的结构性；程序教学呆板、缺少灵活性，缺少师生间的交流讨论和学生间的探讨以及思维碰撞，不注重过程的体验，还会造成盲目追求反馈的结果；程序教学中教师处于主体地位，不利于幼儿主观能动性的发展。因此我们要正确看待程序教学理论。取其精华，弃其糟粕，将其辩证地应用于学前教育健康领域中，让其发挥最大的优势，帮助学前幼儿掌握健康知识，养成健康的行为习惯，为今后的生活和学习奠定基础。

（三）班杜拉（Albert Bandura）的观察学习理论

1. 理论概述

观察学习是通过对他人行为及其强化性结果的观察而获得某些新行为或

矫正现有行为的过程。其理论体系主要包括榜样示范、模仿、观察学习过程三部分。

榜样示范是指个体观察学习的对象向个体提供一定的示范，榜样能以人或符号的形式出现。模仿是指个体通过观察他人行为而获得新行为反应的倾向，幼儿常通过模仿进行学习。观察学习涵盖注意、保持、运动复现和动机四个过程。注意是观察学习的开始；保持是对观察到的行为进行记忆与保存；运动复现是将符号和表象转换成合适的行动；动机过程则贯穿观察学习全程，起到引起和维持的作用。在该理论中，观察学习受到多种因素的影响。

2. 启发

幼儿攻击性行为是一种由幼儿发起的、故意伤害他人并给他人带来身体和心理伤害的行为，其消极影响是双向作用于被伤害者和幼儿自身的。观察学习理论应用于教育实践可以为减少幼儿攻击性行为提供科学指导。

（1）榜样示范

①减少攻击性榜样出现

根据观察学习理论，幼儿更容易注意到能力强、趣味强、冲击力大的行为，攻击性也表现为冲击力，因此幼儿容易注意攻击性榜样，应减少这种榜样的出现。家长和教师对幼儿影响最多，要自觉规范言行以避免自身攻击性行为被幼儿模仿。同时要为幼儿营造良好的环境，净化环境中的攻击性因素。

②提供合理解决问题的示范

在认知因素上讲，幼儿攻击性行为源于其社会认知缺陷，导致幼儿无法找到合理的冲突解决办法，不得不以攻击解决。因此，要为幼儿提供合理处理人际冲突的示范并引导他们模仿，学会以非攻击性方式解决矛盾，逐渐形成自身策略体系。

③注重榜样的行为模式

班杜拉认为榜样的行为模式比单纯言语模式的效果更佳。在一项实验中班杜拉比较了口头劝说和榜样行为对幼儿利他行为的影响，将幼儿分为四组以不同榜样引导他们捐现金券，结果证明出现捐献行为的榜样比只说不捐的榜样影响更佳。这对减少幼儿攻击性行为也有启发：要给他们提供具有合理行为模式的榜样，而不是一味说教。最容易成为榜样的家长教师要做到言行一致，防止只说不做而误导幼儿，一味说教达不到减少攻击性行为的目的。

（2）合理强化

①针对幼儿实施合理的外部强化

班杜拉认为幼儿受到的外部强化包括直接强化和替代性强化。在现实中，教育者应该注意对幼儿实施合理的直接强化，及时明确地表扬其亲社会行为，及时恰当地批评或惩罚其攻击性行为。而幼儿在看到别人受到强化时，也受到了替代强化，调整自己的行为。在符号内容中也存在替代性强化因素，要帮助幼儿仔细筛选电视、网络等媒介中的内容。

②帮助幼儿建立良好的内部强化

幼儿受到的强化还有自我强化，在其社会化过程中，会基于外部强化渐渐形成自身内部标准，这时幼儿的行为就被其内部标准控制，不再需要外部的强化。但内部标准的形成必须以别人施加在幼儿身上的外部标准为基础，幼儿通过自我肯定或自我批判而逐渐调整自身标准。这就要求教育者应在对幼儿攻击性行为实施正确强化的同时使其建立合理的内部标准，以达到让幼儿自我规避攻击性行为的目的。

（3）科学引导和监控幼儿观察学习的过程

①科学引导幼儿的观察学习过程

观察学习理论认为，观察学习过程是可以由成人实施引导的。幼儿园可以专门组织相关的观察学习活动，选择幼儿熟悉的榜样，如：家长、教师，来进行表演，当他们出现攻击性行为便被惩罚，而出现亲社会行为便被表扬。因为榜样比较熟悉，幼儿更容易注意他们的行为并保持替代强化结果。让幼儿每当面临冲突、想要攻击他人时，就将受到替代强化的信息提取出来，从而减少运动复现出攻击性行为的可能。

②监控幼儿的观察学习过程

幼儿进行观察学习是随时随地的，这就对教育者提出了更高的要求。家长和教师作为对幼儿影响最大的人，要察觉到幼儿身边可能出现的一切攻击性榜样，控制这些榜样受到的强化，为幼儿营造良好观察学习环境。但幼儿仍可能在不经意间习得了攻击性行为，这时教育者应及时注意到幼儿的攻击意向，通过观察学习和替代强化使幼儿攻击的动机减弱。

班杜拉的观察学习理论意义深厚，在学前领域中应该得到进一步的发展和运用，尤其是在减少幼儿攻击性行为的方面，希望观察学习理论能够更充分地应用到学前教育领域，改进我国学前领域的行为教育。

第三节 幼儿养育的目标及任务

一、幼儿阶段养育的目标

学前儿童家庭教育的目的是家长通过家庭教育活动，把孩子培养成自己所希望的人。有的家长可能会说，"我没有什么目的，任其自然。"实际上这也是一种教育目的，只是家长没有意识到而已。事实上，每个家庭的教育都是有一定的目的，不管家长意识到还是没意识到，也不管家长是否正视。任何一个家庭对子女的教育，其目的是客观存在的。学前儿童的家长、家庭等情况不同，因此其教育目的也各不一样。从正确度、清晰度两个方面来衡量，家长们的学前儿童家庭教育目的有的正确，有的错误；有的明确，有的不明确；有的具体清晰，有的笼统模糊。明确、正确、清晰的学前家庭教育目的，能使家长的教育活动朝着确定的教育目的努力，教育活动主动自觉，收效显著。如果教育目的错误，将会伤害孩子的健康成长，造成教育活动的盲目性，以致费心费力，不见成效。

家长确定的家庭教育目的，主要取决于家长的社会生活经历和思想文化素质。不管人生道路是坎坷还是平坦，也不管成功还是失败，家长总是自觉不自觉地把自己的经验和教训，渗透到培养教育子女的目的上。如，家长把自己下岗、找工作难归结为缺少学历文凭，便会要求孩子好好学习，把上大学当作唯一目标。

家长从自身的生活经历和思想、文化素质方面确定教育孩子的目的，大多数难免受到局限，家庭教育目的的正确性也会受到一定影响。孩子终将走向社会，孩子是社会的人，因此家教目的的确定必须关注社会的需求。为了能够正确地确定家教目的，应该从社会需求、幼儿园教育目的、孩子个性特点三个方面来权衡考虑。

（一）社会需求

我国正处在加快推进社会主义现代化的新的发展阶段。世界多极化和经济全球化的趋势在曲折中发展，学前儿童家庭教育、科教、文化等各个领域需要数以亿计的高素质劳动者、数以千万计的专门人才和一大批拔尖创新人才。社会需要的人才应突出两方面的能力：一是实践能力，二是创新能力。

（二）幼儿园教育目的

幼儿园的教育目的是促使儿童身心健康成长，促进体智德美劳等全面发展。

（三）孩子个性特点

"世界上没有两片相同的树叶"，孩子的个体差异就更大了。由于每个孩子的家庭环境、遗传基因、生理发展、心理发展情况不同，每个孩子都与众不同，他们拥有各自不同的潜能和天赋，也存在各自不同的弱点。家长在确立家庭教育的目的时，一定要把孩子的自身条件作为一个重要的依据，如果把一个全聋的孩子培养成音乐家，一个全盲的孩子培养成画家，那是盲目的。不顾孩子自身条件确立的教育目标无助于孩子的发展，甚至有害孩子的健康成长。

结合社会的需要、幼儿园教育目的以及孩子个性特点，我们认为学前儿童家庭教育的目的应该是：促进孩子身心健康成长，促进孩子体智德美劳全面发展，培养动手能力强，创新意识强，长大能促进社会进步的社会主义建设人才。

二、幼儿阶段养育的主要任务

要实现学前儿童家庭教育的目的，必须完成相应的教育任务。否则只是一句口号。学前儿童家庭教育主要有三大任务：一是树立科学的学前儿童家庭教育观念，二是了解掌握科学的家教知识，三是抓好家庭教育指导工作。

（一）树立科学的幼儿养育观

人类社会自有家庭出现以来，便开始有了家庭教育。自家庭教育出现后，人们在家庭教育实践过程中不断对家庭教育有了新认识。开始，人们只是对个别的家庭教育现象认识，久而久之，这种认识逐渐丰富起来，连贯起来，就形成了对家庭教育的特点以及与家庭教育内外部关系的看法，这些看法就是家教观。家教观是家长观察、思考和解决家教各种问题的依据。

人们对家庭教育，尤其是学前儿童家庭教育的看法，仁者见仁，智者见智，形成了诸多的家教观，诸如：不要让孩子输在起跑线上、智力开发越早越好、千万别管孩子、与孩子共同成长、让孩子在赏识中成长、让孩子快乐地成长等。这些家教观在家教活动中都不同程度地起着指导家教行为、解释家教现象、处理家教问题的作用。

众多的家教观的形成，一是因为家长认识水平不一，家长认识在深度和广度上有所不同；二是由于家长在社会中的分工不一，使得各自对社会发展、人生追求的看法和态度有所不同，因而形成不同的家庭教育观念。

孩子的家庭教育不允许犯错误，因为有些错误的出现将会严重地伤害孩子，影响孩子的健康成长。因此树立科学的家庭教育观十分重要。

学前儿童家庭教育观应该突出以孩子为本，保证孩子的发展必须是全面、协调、长远的发展。

由此，我们认为，学前儿童家庭教育应该树立的观念是：坚持以孩子为本，重视孩子的需要、感觉和体验，坚持长远的、全面的、协调的可持续发展，促进孩子身心健康成长，即"树立家教中的可持续发展观"。

（二）了解掌握幼儿养育知识

学前儿童家庭教育的内容主要有：体、德、智、美、劳五个方面。

1. 体育

人的身体状况，是遗传素质和后天获得的物质营养、保健、锻炼、精神生活等条件综合作用的结果。要增强孩子的体质，必须设法改善影响和决定子女身体质量的各种条件。其内容为：

第一，优化生育条件。遗传素质是子女获得健康体质的生物前提或物质条件。为此，要避免近亲结婚，对孩子身体健康有影响的疾病患者，也不要结婚或不要生育。母亲怀孕后，要注意妊娠卫生保健，不嗜烟酒，不吃其他有刺激性的不利于胎儿成长的食物，注意保持情绪稳定等。

第二，孩子出生后，根据家庭经济情况和孩子生理上的需要，加强孩子的物质营养，并科学地安排孩子的饮食。

第三，培养孩子良好的饮食习惯，不厌食、不挑食、不偏食、不暴饮暴食，饮食定时定量。

第四，培养良好的生活习惯，起居有规律，早睡早起，注意劳逸结合，不要过分疲劳。

第五，保证孩子的安全，防止或避免发生意外伤害事故。排除容易伤害孩子身体的隐患，教给孩子自我保护的知识，增强自我保护的能力。

第六，鼓励孩子参加户外活动，进行游戏、郊游和各种体育锻炼。体育锻炼应合理安排，全面锻炼，使身体各部位器官、系统和机能获得全面发展。要因人因地制宜，循序渐进，量力而行，坚持经常化。

第七，教育孩子讲究卫生，以预防为主，有病及时治疗。

孩子的身体，是家长最关心的大事，但是有的家长只重视加强物质营养和过度保护，不太注意孩子良好习惯的培养和体育锻炼，致使孩子营养过剩，身体过胖，对环境的适应能力和对不利环境的抵抗能力较差，应注意纠正。

2. 德育

孩子终将要走向社会。社会性是人的一个重要属性。道德品质的培养就是对孩子社会性的培养。道德一般是立足社会所需的行为规范意识，与人交往与社会交往的规则、准则遵守意识和能力。学前儿童家庭教育中的思想品德教育，实质上就是教育孩子如何"做人"的教育。确定德育内容有两个依据，一是社会对少年儿童思想品德方面的要求，二是儿童的年龄特征。

学龄前阶段儿童的家庭教育，主要是进行道德启蒙和行为习惯的培养。其内容主要有：培养孩子文明行为；尊敬长辈，爱护公物，保护一草一木；陶冶孩子的积极情感：对人热情，好学上进，不畏困难；提高孩子的交往能力，培养孩子的同情心，让孩子学会关心他人；要培养孩子的合群性，让孩子与小朋友一块游戏玩耍。

3. 智育

智育历来就是家庭教育的重要内容。随着社会发展，家长们愈发地重视孩子的智育。

进行早期家庭智育，要取得理想的效果，必须注意科学性和全面性。既要传授知识，又要发展智力；既要发展智力，又要培养能力；既要开发智力，又要注意道德品质教育。不能有任何偏废和片面性。进行早期家庭教育，要注意运用科学的方式方法，不可态度粗暴、方法简单，还要因人而异，区别对待，从实际出发，不可进行强制性开发或"掠夺性开发"，免得挫伤孩子学习的兴趣和积极性。

学前阶段家庭智育的内容主要有：第一，发展儿童各种感觉器官的能力，诸如视觉能力、听觉能力、口头表达能力等；第二，带孩子接触社会和大自然，开阔他们的视野，丰富他们的感性知识；第三，在日常生活和参加游戏的活动中，注意发展儿童的观察力、注意力、想象力和创造力；第四，通过看书画、唱儿歌、听故事，培养他们的学习兴趣和对学习生活的向往；第五，在接近入学年龄时，做好入学前的思想、行为习惯等各种准备。

4. 美育

美育就是培养孩子正确的审美观点，形成欣赏美、评价美和创造美的能力。

学前儿童家庭教育中的美育内容：第一，指导孩子欣赏音乐、美术、舞蹈、文学等文艺作品的美；第二，布置整洁优雅的家庭生活环境；第三，给孩子着装要朴素大方美观，不要让孩子穿奇装异服；第四，鼓励孩子参加音乐、美术、舞蹈等活动；第五，带孩子接触大自然，欣赏大自然的美。

在美育的过程中，家长要引导孩子用自己的眼睛去发现美，用自己的心灵去体会美，用自己的双手去创造美。

5. 劳动教育

劳动是人们创造物质财富和精神财富的活动。对于学前儿童来说，劳动还有一重要功能，那就是开发智力。学前儿童思维一大特点是操作性思维为主，劳动有利于孩子操作性思维的迅速发展。

学前儿童劳动教育的主要内容有：让孩子参加力所能及的家务劳动，自己的事情自己做，培养生活自理能力；树立吃苦耐劳、不怕困难、艰苦奋斗的精神；教育孩子厉行节约、艰苦朴素，避免浪费和生活上盲目追求高消费。在劳动中要注意孩子小，劳动不可繁重，要注意劳动中的安全问题，在劳动过程中要灌输劳动光荣的思想。

（三）幼儿养育的指导

家庭教育是现代教育三大支柱之一，当前家庭教育受到政府部门的高度重视，指导家庭教育成了当前教育行政部门和学校、幼儿园的一项重要工作。当前儿童家庭教育指导对于教育行政部门来说主要是指在宏观层面的指导，一般是通过指导幼儿园家教工作，内容包括家教指导模式、家教观念、家教内容和家教方法等。幼儿园家教指导工作是指幼儿园对家长的指导，指导内容包括家教观念、家教知识、家教方法等。

家教指导工作的目的就是用适当的家教指导模式树立家长科学的家教观念，普及家教知识和方法，提高家长的家教素质。

第三章 幼儿护理技术、急救技术与环境卫生

第一节 幼儿护理技术

一、幼儿日常护理

（一）掌握幼儿的活动规律，避免发生大小事故

（1）1岁半的幼儿已经能够行走自如，并逐渐学会跑、跳、攀爬楼梯、越过小障碍物等全身性动作。

（2）学会熟练地玩弄和运用各种物体的能力，如用杯子喝水、拿勺子吃饭、用手帕擦鼻涕，自己穿衣服、扣纽扣、洗手等。

（3）易摔倒、撞伤。

（二）要注意饮食搭配

（1）1岁以上幼儿的膳食从乳类过渡到以粥、饭为主。

（2）食物既要适合幼儿的口味，又要容易消化吸收，且食物的营养价值应满足幼儿发育的需要，食用分量不要过量。

（3）要注意防止幼儿肠胃感染及腹部、脚心受凉从而引起的消化不良。

（三）给幼儿提供各种颜色鲜艳的玩具

幼儿2岁时能识别一些颜色，3岁时能清楚地识别不同颜色的物体。

（1）要经常给幼儿玩各种颜色鲜艳的玩具，促进幼儿认识、区别各种物体的形状和颜色。

（2）一般幼儿看电视不能超过20分钟。开电视时最好开一盏小灯，减少光亮对眼睛的刺激。

（四）要保证幼儿每日充足的饮水量

（1）饮水不足会影响幼儿体内废物的排出。

（2）不要让幼儿憋尿，要适时让幼儿坐便盆排便。

（五）让幼儿呼吸新鲜空气，进行适当的体操游戏

（1）室内要开窗通风。

（2）睡眠时不要让幼儿用被子蒙头，睡姿不要妨碍呼吸。

（3）每天要让幼儿在新鲜的空气中活动，加强心肌的收缩力。

（4）要注意控制幼儿的活动量，让幼儿的活动和休息相互交替进行。

（六）养成良好的生活习惯

（1）幼儿1周岁以后，应逐渐减少尿布的使用，直至完全不用尿布。

（2）逐渐穿满裆裤，特别是小女孩，尽量不要穿开裆裤，以免引起细菌或寄生虫感染。

（3）从夏天开始，可以多准备几条短裤，幼儿难免尿裤子，要及时换。

（4）告诉幼儿想大小便时，要及时找便盆，自己脱裤子蹲下，便后要洗手，让幼儿逐渐养成习惯。

（5）切忌让幼儿养成饭后大便的不良习惯，以免幼儿吃一半饭就要大便，影响幼儿进食。如果幼儿已经有了这个习惯，就要让他在吃饭前先排大便再进食。

二、病后的护理技术

常言道："三分治，七分养。"对于幼儿来说，生病后的护理显得尤为重要。所以，掌握一些护理技术，有利于生病的幼儿早日恢复健康。

（一）测体温

幼儿的体温比成人略高，正常体温（腋表）为36℃~37℃。昼夜之间，有生理性波动。

给幼儿测体温常用腋表，这样既安全又卫生。测体温前，先看看体温表的度数是否超过35℃。如果超过35℃，可用一只手捏住水银球的另一端，向下并向外轻轻甩几下，使水银线降到"35"刻度以下。查看度数时，一手拿体温表的上端，使表与眼平行，轻轻来回转动体温表，就可清晰地看出水银柱的读数。

测体温时应先擦去幼儿腋窝的汗，把体温表的水银端放在腋窝中间，注意不要把表头伸到外面。让幼儿屈臂，教师扶着他的胳膊以夹紧体温表，测5分钟取出。

幼儿吃奶、吃饭后，以及正在哭闹或衣被过暖等都会使体温略高。所以，给幼儿测体温应在幼儿进食半小时以后，且在安静状态下进行。

（二）物理降温法

发热是人体的一种防御反应，幼儿体温超过39℃就属于高热。高热不仅使人很不舒服，还会使体内的热量消耗增加、心率加快、消化功能减弱，甚至引起惊厥，所以应及时采取降温措施。

降温措施有药物降温和物理降温两种。药物降温就是吃退热药、打退热针，物理降温则是用冷敷、酒精擦拭等方法。对于幼儿来说，物理降温的方法更安全。

1. 头部冷敷

将小毛巾折叠数层，放在冷水中浸湿，拧成半干，敷在幼儿前额，每5～10分钟换一次。也可用热水袋灌进凉水或碎冰，做成冰枕，枕在幼儿脑后。若冷敷时幼儿发生寒战、面色发灰的症状，应停止冷敷。

2. 酒精擦拭

可将70%的酒精或白酒加水1倍，用小毛巾浸泡后擦腋下、肘部、颈部两侧等处。因为酒精易于挥发，能较快地散热，擦拭时应注意避风，以免幼儿受凉。若幼儿突然寒战或面色发灰，应停止擦拭。

应用物理降温法使体温降至38℃即可，这样幼儿发生惊厥的概率就很小了。

（三）热敷法

热敷可扩张血管，增加血液循环，促进炎症的消散，有消炎退肿的作用。可用一少半开水、一多半凉水灌入热水袋至2/3左右，慢慢放平热水袋，使水流至袋口将气排出，拧紧盖子，倒提热水袋检查是否漏水，然后将热水袋表面擦干，试试温度以不烫为宜，用毛巾包裹好，放在需要热敷的部位。

（四）喂药

幼儿生病后需要喂药。如果是药片，可将药片研成细小粉末，溶在糖水、果汁等液体中，或用奶瓶喂进去。如果幼儿哭闹拒绝吃药，就需要固定幼儿头部，使头歪向一侧，左手捏住幼儿下巴，右手将勺尖紧贴孩子的嘴角将药灌入，等孩子将药咽下去以后，放开下巴，再让孩子喝几口糖水，以免药物刺激胃黏膜，引起呕吐。

应鼓励幼儿自己吃药，不要吓唬，也不要把药拌在饭菜里，这样会影响药效。

（五）滴眼药

滴眼药前，一定要先核对药名，防止用错药。幼儿眼部如有分泌物，先用干净毛巾擦净，教师先把手洗干净，然后用左手食指、拇指轻轻分开幼儿的上下眼皮，让幼儿的头向后仰、眼向上看。右手拿滴药瓶，将药液滴在幼儿下眼皮内，每次1～2滴。再用拇指、食指轻提上眼皮，嘱咐幼儿轻动眼球，使药液均匀布满眼内。注意不要点在幼儿眼珠上，以免眨眼而把药全挤出来。

眼药膏最好在睡前涂药。可直接挤在幼儿下眼皮内，闭上眼睛轻轻揉匀即可。

（六）滴鼻药

滴鼻药前，先让幼儿平卧，肩下垫个枕头，使头后仰，鼻孔向上。或让幼儿坐在椅上，背靠椅背，头尽量后仰。这样可避免药液流到口腔或仅滴到鼻孔外口。右手持药瓶，在距鼻孔2～3cm处将药液滴入。之后轻轻按压鼻翼，使药液分布均匀。滴药后保持原姿势3～5分钟。

（七）滴耳药

如果幼儿外耳有脓液，可用干净的棉签将脓液擦净，再滴药。向下、向后轻拉幼儿耳垂，使外耳道伸直。右手持药瓶将药水滴入外耳道后壁，轻轻压揉耳屏，使药液充分进入外耳道深处。滴药后保持原姿势5～10分钟。若是刚从冰箱内取出滴耳液，要在室温下放一会儿再用，否则会引起不适，甚至发生眩晕。

（八）止鼻血

幼儿鼻部受到外伤、挖鼻孔损伤了鼻黏膜，即会引起鼻出血。鼻出血一旦发生，就要及时止血。此时，应尽量使幼儿安静，避免哭闹，并为他松开衣领、腰带，安慰幼儿不要紧张。先让幼儿坐下，头稍向前倾。尽量将从鼻腔咽到口腔的血吐出，这样既可以知道出血量的多少，也可以避免将鼻血咽进胃里，刺激胃部引起腹痛及呕吐。如果出血量较大，有面色苍白、出虚汗、心率快、精神差等出血性休克前兆症状时，应采用半卧位，同时尽快送医院进行治疗。

1. 填塞止血

即用清洁、干燥的棉花或加数滴麻黄碱或肾上腺素，填塞鼻孔内止血，但不可用酒精棉花填塞，以免加重出血。更不能将墨汁、草灰、尘灰敷入鼻内，否则极易造成感染，甚至发生破伤风。

2. 捏鼻止血

用拇指和食指捏住鼻翼5分钟，压迫止血，这种做法对鼻腔前部出血作用最好。如鼻后部出血，亦可用此法使血在鼻腔内聚集而发挥凝集作用；若仍未止住，可再加填塞法，则效果更好。出血时应禁食，出血时间较长者，可给予温、冷的汤水或牛奶，不要给予热食。止血后则以高热量易消化的流质、半流质饮食为宜，不要吃生硬及刺激性食物，还可给予富含维生素的水果，以保持大便通畅。这样，可避免因多次咀嚼牵动面部肌肉组织，或因便秘在大便时过度用力引起再次鼻出血。

（九）简易通便法

1. 肥皂通便法

将普通肥皂削成圆锥形，蘸少许温水，慢慢塞入肛门，利用肥皂的机械刺激，引起排便。

2. 开塞露通便法

开塞露内装有甘油，使用前将管端封口处平行剪开，挤出少许液体润滑管口，插入肛门，用力挤压塑料壳后端使药液射入肛门内。让幼儿尽量憋一会儿再排便。

第二节　幼儿急救技术

幼儿活泼好动，什么都想去摸一摸、动一动，因此也常接触危险的环境，做出危险的动作，很容易发生意外事故。意外事故有大有小，伤势有轻有重。意外事故发生后，应在最短的时间里迅速判断伤情，再采取合理的急救措施。

一、判断伤情的轻重

（一）依据发生意外的原因判断

有些意外事故发生后，必须在现场争分夺秒地进行正确而有效的急救，以防止死亡，如溺水、触电、外伤大出血、气管异物、中毒、车祸等。也有些意外事故虽然不会顷刻致命，但也十分严重，如果迟迟不做处理或处理不当，也可造成死亡或导致终身残疾，如烧伤、烫伤、骨折等意外事故发生后，都要实施急救。

（二）依据伤者的情况判断

当人体受到外界强大的刺激，或疾病发展恶化至最后阶段，重要的生命机能已经紊乱、衰竭，身体的新陈代谢降到最低水平，呼吸、心跳等发生了改变。

（1）神志状况。如受伤当时和伤后神志一直清醒，多表明头部伤势轻。相反，如伤后有昏迷，或意识模糊，或烦躁不安等现象，则表示脑部受伤较重。当伤后数小时出现头昏，极想睡觉，甚至昏迷时，则多预示有颅内出血，血肿压迫了脑组织，这是最危险的征兆，应马上送医院诊治。

（2）呼吸的变化。垂危患儿的呼吸已由正常节律变得不规律，时快时慢、时深时浅。如果患儿鼻翼翕动，胸廓在吸气时下陷，这都说明呼吸已十分困难。呼吸一停，应立即做人工呼吸。

（3）脉搏的变化。垂危患儿的脉搏，由规则节律的跳动变得细快而弱，或节律不齐。这说明心脏功能和血液循环出现了严重障碍。一旦幼儿心跳停止，应立即做胸外心脏按压。

（4）瞳孔的变化。正常幼儿的瞳孔遇光能迅速收缩。垂危患儿眼睛无神，瞳孔已不能随光线的增强迅速缩小。最后，瞳孔会渐渐散大，对光线失去反应的能力。

（5）肢体活动情况。伤后幼儿如四肢活动如常，多表示颅内受伤不太严重。当伤后出现单侧肢体麻木或有感觉异常时，要引起重视，严密观察。幼儿一旦出现肢体运动不利索，甚至有颤抖或抽搐现象时，则预示伤情很严重，应立即送往医院就医。

（6）五官有无液体渗出。主要观察眼、耳、鼻有无血液溢出。严重脑伤常会造成颅脑骨折，致使眼结膜出血，鼻孔或耳道有血性或透明液体流出。这也是伤情严重的表现，立即送医院是唯一正确的选择。

二、急救的原则

（一）挽救生命

呼吸和心跳是最重要的生命活动。在常温下，呼吸、心跳若完全停止4分钟以上，生命就有危险，超过10分钟则很难起死回生。如果在患儿呼吸、心跳已很不规律，快要停止或刚刚停止时，还不做急救，往往会造成不可挽回的后果。所以一旦患儿的呼吸、心跳发生严重的障碍时，当务之急是立即实施人工呼吸、按压心脏等急救措施，抓住最初的几分钟，恢复患儿的自主呼吸，维持其血液循环。

（二）防止残疾

发生意外后在实施急救措施挽救生命的同时，还要尽量防止患儿留下残疾。如幼儿发生严重摔伤时，可能造成腰椎骨折，施救时就不能用绳索、帆布等担架抬救患儿，也不能抱或背患儿，这样会损伤脊髓，造成其终身残疾，而一定要用门板之类的木板担架转运患儿。

（三）减轻痛苦

意外事故造成的损伤往往是很严重的，常常会给患儿的身心带来极大的痛苦，因而在搬动、处理时动作要轻柔，语气要温和。不要认为救命要紧，其他都不管不顾，这样会加重患儿的病情。

（四）及时、准确、有效

在幼儿发生意外事故后，家长或教师应根据情况判断伤势，从而准确地采取有效急救措施。有时候应急处理也是救命的关键。

三、幼儿常见意外事故的简单处理及预防

意外事故发生后，必须在现场争分夺秒地进行正确而有效的急救，以减少损伤，把灾难降到最低点，避免非正常死亡，所以，掌握一定的急救知识是非常重要的。

（一）小外伤

1. 跌伤

跌伤在幼儿中比较常见，如奔跑、跳跃时不慎跌倒，蹭破膝盖、胳膊肘，尤其在夏季更为常见。幼儿跌伤后，除应注意局部损伤情况外，还应根据幼儿的神情来判断其他部位及内脏有无损伤。如幼儿跌伤后，神态木然，反应迟钝，说明病情严重。如出现休克，应考虑幼儿大脑及内脏是否受到损伤。

如果伤口小而浅，只是擦破了表皮，可先用双氧水洗净伤口，然后用红汞涂患部。如伤口大或深，出血较多，要先止血，将伤部抬高，立即送医院处理。如果皮肤未破、伤处肿痛、颜色发青，可局部冷敷，防止皮下继续出血。一天后再用热敷，以促进血液循环和吸收，减轻表面肿胀。

跌伤常见的并发症为脑震荡。有些伤者颅骨虽无损伤，但外力波及颅内，使脑受到震荡，出现短时间的意识丧失，甚至昏迷数分钟至数十分钟，并伴有头痛、头晕、呕吐、嗜睡等症状。遇此情况，应立即送医院。

2. 割伤

幼儿在使用剪刀、小刀等文具或触摸打碎的玻璃器皿时，容易划破手，皮肤割裂、出血。此时处理办法是：用干净的纱布按压伤口止血，止血后，可用碘酒消毒伤口，敷上消毒纱布，用绷带包扎。如果是玻璃器皿扎伤，还应用镊子清除碎玻璃片后再进行包扎。

3. 挤伤

幼儿的手指经常会被门、抽屉挤伤，严重时可出现指甲脱落现象，给幼儿带来疼痛。若无破损，可用水冲洗，进行冷敷，以便减轻痛苦；疼痛难忍时，可将受伤的手指高举过心脏，缓解痛苦；若指甲掀开或脱落，应立即去医院处理。

4. 刺伤

有些花草、木棍、竹棍带刺，扎入幼儿皮肤后，产生刺痛感，应立即取出。若刺伤先将伤口清洗干净，然后用消过毒的针或镊子顺着刺的方向把刺全部挑拔出来，并挤出瘀血，随后用酒精消毒。有的刺难以拔除，则应去医院处理。

5. 眼外伤

幼儿活泼好动，好奇心强，喜欢打闹及玩弄棍棒、剪刀、弹弓、针管、爆竹等，由于年幼缺乏经验，对可能触发的伤害认识不足，躲避伤害的能力差，因此幼儿较成年人更易发生眼外伤。当不幸发生眼外伤时，家长或教师首先应冷静下来，不要慌，稳定情绪。对于酸碱等化学烧伤，应尽早清除溅入眼内的化学物质，在受伤现场用清洁的水反复冲洗眼睛，或将面部浸入水中，使溅入的化学物质稀释或清除，然后到就近医院进一步治疗。

6. 小外伤的预防

（1）教育幼儿不要玩尖锐的物品，锥、针、铁丝要严加保管。加强对玩具质量的管理，玩具枪、仿真枪的冲击力不要太强、太猛。

（2）不要让幼儿接触酒精、石灰、水泥等化学物品。不要让幼儿观看电焊火花或在阳光较强的雪地上玩耍，要远离爆竹。

（3）户外活动应注意安全，以防跌伤出血。

（4）定期做好大型玩具的修缮工作。

（二）动物咬伤

1. 虫咬伤

（1）处理

①蚊子、臭虫等咬伤。夏秋季蚊虫增多，被蚊虫叮咬的机会也随之增多。被蚊子、臭虫咬伤时，可用酒精擦患处，严重者可用虫咬水或清凉油擦拭。

②黄蜂和黄刺蛾幼虫（洋辣子）蜇伤。当被黄蜂或洋辣子刺伤时，伤口处疼痛红肿。可先用橡皮膏把插入皮肤内的刺粘出来，然后用肥皂水涂于伤处。若为黄蜂蜇伤，因黄蜂的毒液呈碱性，可将食醋涂于伤处。

③蜈蚣咬伤。蜈蚣毒液呈酸性，受伤后可用肥皂水、氨水或小苏打等碱性溶液冲洗伤口并施行冷敷，然后送医院处理。

（2）虫咬伤的预防

①消除生活环境中蚊虫滋生的场所，卧室安上纱门纱窗，定期使用喷雾式的杀虫剂进行杀虫。

②注意幼儿卫生，保持皮肤清洁，衣着干净。身上可涂擦花露水防止蚊虫。③户外活动时注意安全，教育幼儿不要独自到草丛多的地方玩耍，不要捅马蜂窝。

2. 宠物咬伤

现在许多家庭都养有狗、猫等宠物。幼儿天生喜欢小动物，喜欢与小动物一起玩耍，但即使最温顺的宠物也有恼怒的时候，难免会出现一些意外。幼儿一旦被狗、猫等动物咬伤，家长、教师要紧急处理伤口，不仅要止血、止痛，最重要的是避免幼儿感染狂犬病毒。

（1）处理

不管是被疯狗、病猫还是正常的狗、猫咬伤、抓破皮肤，都应立即、就地、彻底清洗伤口。冲洗伤口一是要快，要分秒必争。因为时间一长，病毒就进入人体组织，侵犯中枢神经；二是要彻底。要用力挤压伤口周围的软组织，而且冲洗的水量要大、水流要急，最好是对着自来水龙头急水冲洗；三是伤口不可包扎。除个别伤口大，有伤需要止血外，一般不用上任何药物，也不需要包扎，因为狂犬病毒是厌氧菌，在缺乏氧气的情况下，狂犬病毒会大量生长繁殖。

正确处理伤口后，应尽快把幼儿送往医院，及时注射狂犬疫苗。

（2）预防

据调查，大多数动物咬伤来自宠物狗。许多幼儿不知道如何安全地与动物相处。为避免宠物咬伤，应做好预防工作：

①不要让幼儿单独与宠物相处，用皮带拴住宠物，随时控制它们。

②教导幼儿除了自家宠物外不要去碰其他动物。即使得到主人的允许，动物也不想陌生人摸它。让幼儿懂得动物不是玩具，在宠物吃饭、睡觉时不要打扰它。

③家养狗要定期注射疫苗。

④最简单的方法是不要养宠物。最好在孩子6岁后，知道能友好地对待动物时再收养。

（三）异物入体

1. 外耳道异物

外耳道异物常可引起耳鸣、耳痛等。植物性异物进入外耳道，如遇水膨胀会继发感染，引起外耳道炎。动物性异物在外耳道内爬行、移动可引起剧痛，体积大的异物还会引起反射性咳嗽或影响听力。

活体昆虫进入外耳道，可用灯光诱其爬出，如不成功可滴入油类，将其淹死，再行取出。对于体积较小的异物，可让幼儿将头歪向有异物一侧，单脚跳，以促使异物从耳中掉出来。而对于不易取出的异物，应去医院处理，以免损伤外耳道及鼓膜。

2. 鼻腔异物

鼻腔异物感染多因幼儿好奇将异物塞入鼻腔而引起，时间久了常有恶臭或带血的鼻涕流出。如果是小物体被塞进鼻孔，可让幼儿压住无异物的鼻孔，用力擤鼻，迫使异物随气流排出；也可用纸捻刺激鼻黏膜，使异物随喷嚏排出。若异物出不来，应去医院处理，切不可用镊子夹，以免损伤鼻黏膜，造成鼻出血。特别是不能用镊子去夹圆形的异物，否则会越夹越深，一旦异物滑向后方掉进气管，就非常危险了。

3. 咽部异物

因鱼刺、骨头渣扎入扁桃体或其附近组织，吞咽时疼痛加剧。可用镊子小心取出，切不可采用硬吞食物的方法，强使异物下咽，这样会把异物推向深处，一旦扎破大血管就很危险了。对难以取出的异物，应去医院处理。

4. 喉部异物

因异物滑入喉部而引起的疼痛，患儿有呛咳、喘鸣、吸气困难，面色苍白、发紫等症状。若异物过大，堵塞声门，可因窒息导致死亡。处理的方法是将幼儿抱起，使其头低脚高，并用手掌拍其背部，使幼儿咳嗽时咳出异物。如不能咳出，应立即送医院处理。

5. 气管、支气管异物

幼儿在进食或口含小物体哭闹、嬉笑时，十分容易将食物或放在口中的小物体吸入气管或支气管。气管内若有异物可表现为呛咳、吸气性呼吸困难。如异物较大，嵌于气管分叉处，将导致呼吸困难。支气管异物以右侧为多见。继发感染后，可出现发热、全身不适等症状。

气管、支气管异物自然咳出率仅有1%～4%，故一旦发现幼儿气管、支气管内有异物，应立即送往医院急救。

6. 眼部异物

眼部异物常见的有小飞虫、尘埃、植物飞絮等。眼部有异物时，切记不要让幼儿揉眼，以免损伤角膜。一般情况下，可将其眼睑翻出，用干净手绢轻轻擦去异物。若异物牢固地嵌插在角膜上，幼儿则十分疼痛，为了不损伤角膜，必须去医院处理。

7. 异物入体的预防

（1）培养幼儿良好的饮食习惯，进食时慢吞细咽。进食时不要惊吓、逗乐或责骂幼儿，以免幼儿大哭、大笑而将食物吸入气管。

（2）告诫幼儿不要将别针、硬币、纽扣等物塞进鼻孔、耳朵或放在嘴里玩。

（3）不要给较小幼儿吃花生米、瓜子、豆子、果冻等，以免发生意外。

（四）扭伤与脱臼

1. 扭伤

扭伤多为关节处软组织受伤，患处疼痛，运动时疼痛加剧，可出现肿胀或青紫色瘀血。处理时，可用冷水敷于患处，使毛细血管收缩止血，同时还可起到止痛的作用。一天后再改用热敷，以改善伤处的血液循环，减少肿胀和疼痛。

2. 脱臼

在强大的外力作用下，关节面脱离正常位置，形成脱臼。幼儿因关节附近韧带较松，在过度牵拉、负重的情况下，极易引起脱臼。

（1）脱臼部位

脱臼部位常见的有肩关节脱臼和桡骨小头半脱位。

①肩关节脱臼。肩关节在全身大关节中运动范围最大，但结构不稳定，常因向上牵拉或受暴力冲击而引起脱臼。幼儿多见于跌倒时上臂外展上举，手掌着地而发生。

②桡骨小头半脱位。多见于6岁以下的幼儿。幼儿因桡骨头较小，当肘部处于伸直位时，若用力牵拉手臂可使桡骨头从关节窝中脱出。如上楼梯时，成人将幼儿手臂突然拎起，或在脱衣时，成人过猛地牵拉幼儿的手臂，均可发生桡骨小头半脱位。

肩关节脱臼时，肩部失去正常形状，变为方形，局部疼痛，关节不能活动。桡骨小头半脱位后，肘部固定于半屈和旋前位，做前臂后旋时，疼痛会加剧。幼儿脱臼后，均应送医院请医生复位。

（2）脱臼的预防措施

①幼儿园的门不要装弹簧，以免夹伤幼儿的手或脚。

②教师对幼儿要"放手不放眼"，防止跌伤。

③教师不可用提物的方式突然提起幼儿的手臂，不能用粗暴的动作给幼儿脱衣服。

（五）中暑、冻伤

1. 日射病

日射病是在强烈的日光下暴晒头部过久，引起脑部损伤所致，是中暑的一种类型。其主要症状是头痛、头晕、乏力、耳鸣、皮肤干燥、恶心、呕吐等。严重时有意识丧失、痉挛、呼吸困难等症状。家长或教师应迅速将中暑者移至阴凉通风处，解开其衣扣，并用冷毛巾或冰袋敷其头部。与此同时，让幼儿服用清凉饮料、十滴水等。

2. 冻伤

冻伤分为全身冻伤和局部冻伤，幼儿多为局部冻伤即轻度冻伤，多发生在耳郭、手、足等部位，仅伤及皮肤表层，局部红肿，感到痒和痛。在冻伤部位可涂上冻疮药膏，伤愈后不留疤痕，但易复发。平时应注意不要给幼儿穿过小的鞋子；洗手后将手仔细擦干；注意经常按摩手、脚、耳、鼻等处，使血液得到良好的循环。

3. 中暑、冻伤的预防

（1）高温天气，不论运动量大小，都要注意增加液体摄入，不要等到幼儿觉得口渴时再饮水。注意补充盐分和矿物质，不要饮用过凉的冰冻饮料，以免造成胃部痉挛。

（2）夏季幼儿宜穿着质地轻薄、宽松和浅色的衣服。冬季幼儿要注意保暖，宜穿深色衣服，能使身体多获得一些热量。

（3）高温时应减少户外锻炼。户外活动应避开正午前后时段，尽量选择在阴凉处进行。冬天阳光好的天气，多带幼儿进行户外活动，既能促进身体产生热量，提高幼儿的抗寒本领，又有利于机体的血液循环，使身体暖和。

（4）夏季少食高油高脂食物，减少热量摄入。冬季在幼儿膳食中适当添加富含蛋白质、脂肪、糖类、维生素及微量元素的食物。

（5）幼儿冻伤后的紧急处理

①当幼儿出现冻伤后，家长或教师要尽快帮助幼儿脱离寒冷环境。幼儿进入室内后，迅速脱去冷湿或紧缩的衣服和鞋袜，盖上棉被进行保温。

②对于轻度冻伤，可以用40℃～42℃的恒温热水进行浸泡。一般浸泡15～30分钟，可使幼儿体温迅速恢复到接近正常。当幼儿出现皮肤潮红，肢体有温热感，即可停止浸泡。父母在给幼儿复温的时候，可对肢体进行轻柔的按摩，但不能进行太急剧的按摩，以免引起皮肤溃烂，同时也会影响治疗效果。

③如果幼儿冻伤比较严重，家长或教师最好使用毯子恢复幼儿体温，或是把冻伤的小手、小脚放在家长或教师的腋窝下，或放在家长或教师的手里，用体温帮助冻伤的部位恢复到正常的温度。如果冻伤的是手指和脚趾，要用棉花或其他柔软的物品将手指或脚趾分开。冻伤的部位解冻后，用柔软的毛巾、棉花或是纱布将水吸干，送医院就诊。

（六）惊厥（抽风）

惊厥是大脑皮质功能紊乱所引起的一种病症。幼儿由于中枢神经系统发育尚未成熟，所以很容易发生惊厥。引起惊厥的原因多见于高热（39℃以上）、代谢紊乱（如低血钙、低血糖或维生素B族缺乏等）。急性传染病和癫痫也可引起惊厥。

1. 症状

幼儿惊厥的症状：突然失去知觉，头向后仰，眼球固定、上转或斜视。全身性或局部肌肉抽动，面部青紫色，呼吸弱且不规律或有窒息。短者瞬息即止，长者可持续几分钟至十几分钟。

2. 处理

此时应迅速将幼儿放平，保持安静，解开衣领，用筷子或手帕垫在患儿上下牙间，以免舌被咬伤，用针刺或重压人中穴。痉挛停止后应立即送医院处理。

3. 预防

（1）室内要经常开窗通风，多让幼儿参加户外活动，加强体格锻炼，使机体能适应环境，减少感染性疾病的发生。

（2）注意营养，给幼儿提供合理膳食，饮食要定时定量，不要让幼儿饥饿，以免发生低血钙和低血糖惊厥。

（3）幼儿感冒时要补充淡盐冷开水，及时进行物理降温，或口服退烧药，以防体温突然升高引发惊厥。

第三节　幼儿园环境卫生

幼儿园环境按其性质可分为物质环境和精神环境。物质环境包括幼儿园房舍、场地和各项设备等，是幼儿学习、生活、娱乐的重要环境，是满足幼儿的各种活动需求，促进幼儿身心全面发展，保证幼儿园各项教育、教学活动顺利进行的必要条件。精神环境是指符合幼儿的审美情趣，令其身心轻松愉快的亲切温馨的气氛，如幼儿园的人际关系及风气，幼儿学习、活动及生活的气氛等，它对幼儿的身心发展起着潜移默化的影响作用。创设符合幼儿身心成长特点以及具有幼儿园教育特色的环境是非常重要的。因此，幼儿园在环境创设时，应考虑各种环境因素对幼儿身心健康的影响，既要符合经济、适用的原则，又要符合安全、卫生、教育的要求。

一、幼儿园物质环境创设

在新建幼儿园时，要考虑到幼儿园的合理布局和各种环境因素对幼儿健康的影响，按照一定的卫生要求进行规划，以保证幼儿有良好的生活、学习环境。规划时还要将近期状况与远期发展结合起来。

（一）园址的选择

1. 居民区适中的地方

幼儿园应设置在居民区适中的地方，使幼儿入园方便、途中安全，也便于家长接送。

2. 无污染、无噪声

幼儿园选址时应考虑选择环境清洁、安静、空气新鲜的地区，尽量避开污染严重的工业区。幼儿园周围不应有屠宰场、垃圾场、化粪池、停尸房等。为减少交通事故和尘埃污染，保证幼儿园的相对安静，幼儿园离交通干线和闹市稍远为宜，不与游艺场、歌舞剧团、火车站、飞机场、医院、集贸市场、网吧等相毗邻，也不要建在江河湖海旁边，以免幼儿发生意外。

3. 阳光充足，排水良好

幼儿园园址要选择地势平坦、场地干燥、排水通畅、阳光充足的地段。如果幼儿园地势低洼，则每遇雨天，污水积流，排泄不畅，既给幼儿园活动的开展带来不便，又会影响幼儿的健康。

4. 大小适宜

幼儿园的大小要适宜。在选择园址时，要考虑修建房舍及其附属建筑物所需的场地、幼儿户外活动所需的场地及充分的绿化面积。城市新建住宅区应规划建设与居住人口相适应的幼儿园，原则上每5000人口的住宅小区应配建1所规模为6~8个班的幼儿园；每10000人口的住宅小区应配建1所规模为12~15个班的幼儿园。城市幼儿园规模以6~12个班为宜，一般不宜超过15个班，乡镇中心幼儿园和农村幼儿园规模略小，每班幼儿人数按照大班、中班、小班递减。

幼儿园应独立设置，有围墙、大门和传达（警卫）室，适量配备安保人员，以防止外来人员和车辆随便进入，并应设有易于儿童识别的标志、意外事故紧急出口和通道。

（二）幼儿园物质环境的创设

在幼儿园的教育活动中，环境作为一种"隐性课程"，在开发幼儿智力、促进幼儿良好个性方面，越来越引起人们的重视，环境创设已渐渐成为幼儿园工作的热点。而在物质环境创设方面还存在很多误区，如幼儿园园舍、设备条件超越人们的现实生活经济条件，追求幼儿园建设和设备的超豪华；活动角的材料只是简单投入，游戏的主题和内容没任何变化；等等。从卫生学的角度来看，幼儿园物质环境创设到底有哪些要求呢？

1. 幼儿园物质环境的基本要素

幼儿园物质环境主要包括园舍建筑、设施设备、活动场地、教学器材、玩具学具、图书声像资料、环境布置、空间布置以及绿化等有形的东西。幼儿园物质环境具有保育和教育的功能。幼儿园内建筑物的主体是幼儿的直接用房，主体建筑物最好南北朝向，不宜超过2层。附属建筑如教师用房、隔离室、医务室、厨房、储藏室等最好与主体建筑分开。要注意排除各种不安全因素，如房门不要做成落地玻璃门，以避免发生意外。

2. 幼儿园户外环境的卫生要求

幼儿园户外环境主要包括：自然生态环境、活动场地、大型玩具及其他体育器材、园艺区、种植区、动物区等。对户外环境的要求是：在安全、卫生的前提下，充分绿化、美化和自然化。

（1）活动场地

幼儿园每班都应有单独的、靠近活动室的户外活动场地，场地上可设沙坑及各种游戏设备。各班的户外活动场地之间应用绿篱隔开，以便在传染病流行期间实行隔离，园内最好设有公用的活动场地，以便全园组织活动时使用。个别幼儿园，在场地不足的情况下，活动场地可有计划地轮流使用，充分提高使用率。幼儿园的户外活动场地边缘，最好能设置凉棚、亭子和长凳，以供幼儿避雨、遮阳和休息之用。

（2）绿化带

幼儿园应有充分的绿化面积。在幼儿园建筑物周围、道路两旁、场地周围都应栽培花卉、树木，如有可能还应有一定面积的草坪。最好做到春季有花、夏季有荫、秋季有果、冬季有青，把幼儿园建成环境优美的儿童乐园。绿化不仅能美化环境、陶冶情操，还能净化空气、调节小环境气候。但要注意种植的树木不能影响室内采光，不宜在幼儿园种植多刺、有臭味、有毒汁和毒果、飞絮多、病虫害多的树种。

（三）幼儿园内环境的卫生要求

幼儿园房舍的空间规划与布置、室内的用具和设备构成了幼儿园的主要室内环境。室内环境应尽可能采用自然光，以自然通风为主。要保证适当的空间密度，因为拥挤的空间会导致幼儿较多的攻击性行为，活动的参与性与社会交往降低。

1. 幼儿园房舍的卫生要求

幼儿园的房舍分基本房舍和辅助房舍两类。基本房舍包括活动室、卧室、盥洗室、更衣室、厕所等，每班都应有一套基本用房。辅助房舍包括办公室、医务室、隔离室、厨房等。

幼儿园各室的设计应符合一定的卫生要求，以便于幼儿活动的组织和生活管理的顺利进行。

（1）活动室的卫生要求

①足够的空间。活动室是幼儿直接用房中的主体部分，是幼儿活动的中心。卧室、盥洗室、厕所、更衣室都应围绕活动室安排。为保证幼儿上课、游戏和进餐等活动的进行，活动室应有足够的空间，通道清晰且无障碍物，平均每名幼儿所占面积为2.5m²，层高不低于3.2m，每个幼儿至少能得到8m³的空气。

②充足的光线。一般说来，活动室要充分利用太阳光线进行自然采光，并配备一定的人工照明设备。活动室窗户的面积是影响自然采光的最主要因素。为了使室内有充足的光线，窗户应向南，窗高（由地面至窗上缘）不低于2.8m。窗的透光面积（窗框除外）与室内地面面积之比（称为采光系数）应不低于1：6。为便于幼儿在室内向外眺望，窗台距地面的高度可为50~60cm。要告诉幼儿千万不能把身子探出阳台或门窗外，否则很容易坠楼伤亡。

阴雨天光线不足，早晨、晚间活动，需用人工照明来辅助教室采光的不足。人工照明时，活动室照度的大小主要取决于灯的种类、功率和数量，而照度的均匀程度则取决于灯的数量和悬挂高度。一般50~60m²的活动室，可安装6盏40W的日光灯，各灯间的距离为2m，灯与墙、灯与桌面间的距离也为2m。天花板、墙壁的颜色对室内照明有一定影响，宜用浅色。

③良好的通风。通风的目的在于排出室内的混浊空气，换进新鲜空气，并调节室内的温度与湿度。通风的形式主要采用自然通风，即通过门、窗、通风孔及建筑材料的缝隙，使室内外空气交流。为了加强室内通风，可加大窗户面积，并可在对侧开窗。幼儿园应按不同季节的天气，规定合理的开窗通风制度，冬季可使用通风小窗。

目前某些经济发达地区的幼儿园，装空调成为一种时尚。这种运用动力设备、空调器、风扇等将室外的空气吸入建筑物内或将室内空气排出的人工通风应是自然通风的一种补充，如果将整个幼儿园都用空调封闭起来，那么因此而产生的空调综合征将给幼儿身心健康带来严重的影响。使用空调时，注意不要门窗紧闭，可开一扇通风小窗进行换气，并注意保湿。

④防寒保暖。冬季，幼儿活动室内应维持一定的温度。在北方需要有取暖的设备，没有暖气的地方也可用火炉、火炕、火墙等。使用这些取暖设备时，要特别注意安全。利用火炉取暖时，应安装烟筒以便排烟，炉子周围应有炉挡，防

止幼儿玩火。空气干燥时，炉子上要放上水壶，以调节室内空气的湿度。利用取暖器取暖时，也要告诉幼儿不要靠得太近，以免烫伤。

（2）卧室的卫生要求

幼儿卧室的面积，平均每人3~4m²。最好铺设地板，有利于保温、防潮和打扫。为了避免幼儿在生病期间相互接触或感染，也为了便于保育人员的巡视和护理，床头及两行床铺之间应保持一定的距离。卧室的其他卫生要求与活动室相同。也可将卧室的单层床改为双层床，以腾出活动空间，或干脆撤掉床以"木台"代之，睡时将被褥一铺，不睡时收起即可作为活动场地等。

（3）盥洗室和厕所的卫生要求

盥洗室一般设在厕所与活动室及卧室之间，室内设盥洗台和五六个水龙头，盥洗台最好设在室中央，避免洗涤时的拥挤，也利于保持墙壁的清洁。幼儿的盥洗用具应分开使用，挂毛巾的架子之间有一定的距离，避免互相接触。没有自来水的地区，可利用水桶、水缸凿孔制成流动盥洗设备。

厕所内可设大便池2~5个，小便池1个，小班幼儿可使用便盆。厕所必须通风良好，避免臭气直接进入活动室和卧室。

二、幼儿园精神环境的创设

幼儿园的精神环境主要指幼儿园的人际关系及一般的心理气氛等。具体体现在教师与幼儿、幼儿与幼儿、教师与教师间的相互作用和交往方式等方面。它虽然是无形的，但却直接影响着幼儿的情感、交往行为和个性的发展。就幼儿的社会性发展来说，精神环境是幼儿园环境中更为重要的一个方面，它与幼儿社会性发展的关系更为密切。创设精神环境主要包括创设良好的人际环境，以及形成良好的一般日常规则与行为标准。创设人际环境的中心是建立融洽、和谐、健康的人际关系。

（一）教师与幼儿的交往

教师是幼儿社会性行为的指导者。除了教给幼儿正确的、适宜的行为方式与规则以外，教师自身对待幼儿的情感态度和其榜样的作用是巨大的。教师在与幼儿的交往中要注意以下几点。

1．支持、尊重、接受幼儿

教师应对幼儿表现出支持、尊重、接受的情感态度和行为。这是建立师生间积极关系的基础，也是进一步培养幼儿良好社会性行为的基本条件。教师要善于理解幼儿的各种情绪情感的需要，不对不招自己喜欢的幼儿产生偏见，相信幼儿有自我判断、做出正确的选择的能力，善于对幼儿做出积极的行为反应。

2．以民主的态度对待幼儿

教师应当以民主的态度来对待幼儿，善于疏导而不是压制，允许幼儿表达自己的想法和建议，而不以权威的命令去要求幼儿。这种自由而不放纵、指导而不支配的民主教养态度和方式能使幼儿被视为独立的个体而受到尊重和鼓励，能使幼儿具有较强的社会适应能力，使幼儿能够积极、主动、大胆、自信，同时，对幼儿的自我接纳和自我控制能力发展都较好。

3．采用适宜的身体语言动作

在教师与幼儿的交往中，要尽量采用多种适宜的身体语言动作，例如，微笑、点头、注视、肯定性手势、抚摸、轻拍脑袋或肩膀等。在师生交往中，应尽量采用这类"此时无声胜有声"的方式，用身体接触、表情、动作等来表达自己对幼儿的关心、接纳、鼓励或者不满意、希望停止当前行为等。教师在与幼儿交谈时，最好保持这种较近的距离和保持视线的接触。恰当的眼神和表情的使用也能使幼儿对教师的情绪状态和对自己行为的反馈有更为明确、深刻的体会。

（二）幼儿与幼儿的交往

虽说幼儿与幼儿间的交往态度和行为在很大程度上是由幼儿群体的自身特征决定的，但教师也可以通过对幼儿进行教导创造一个积极交往的背景，从而有效地影响幼儿的交往态度和社会行为。根据我国目前的情况，由于家长溺爱等造成的种种问题，教师应当让幼儿在交往中注意做到以下几点：共同交流思想与感情，同伴间相互关心、团结友爱、玩具共享、礼貌待人，等等。这主要靠教师营造积极支持的环境气氛，提供社会性交往的活动机会以及通过积极的教导训练来进行。

1．引导幼儿学会相互交流自己的思想、感情

幼儿的观察能力比较差，尤其是自身还存在自我中心的倾向，对他人的思想感情、需要等不善于察觉。缺乏对他人情绪情感状态的认知、了解，这就会导

致帮助、合作、关心、抚慰、同情等亲社会行为的缺乏。教师通过引导幼儿与同伴交流自己的思想和感情，有利于同伴了解自己的各种需要，进而产生帮助、合作等行为。并且，也能使得到帮助行为的幼儿学会正确的反馈方法。为达到目的，教师在平时应让幼儿相互说说对某件事情的感受，学会观察他人喜怒哀乐的表情，了解他人的情绪情感等。

2. 营造同伴间相互关心、友爱的气氛

让幼儿学会正确的关心他人的行为方式。让全班有一种相互关心、友爱的气氛是良好精神环境创设的一个重要内容。如果一个班的幼儿在你碰我、我碰你的拥挤状态下，没有相互嚷嚷，也没有向老师告状，而是相互礼让、相互关心，说明这个班已经有了较好的班级气氛。建立同伴间相互关心、友爱的气氛是帮助幼儿产生各种亲社会行为的极为重要的基础。这样的教导应贯穿于日常教育活动中的每一个细小的环节中。例如，游戏时要玩具共享，不能抢夺；不小心碰倒别人时，应赶紧把他扶起来，并帮着掸掸土，说"对不起"；而当自己被人撞时，也别得理不饶人，更不能因此又去打别人；相互间交往时应习惯说"请""谢谢""对不起"等用语。教师要鼓励缺乏交往技能或过分害羞的幼儿积极参与到班级活动中来，并通过鼓励其他幼儿与其交往，使其得到更多的交往成功的愉快感，以增强其自信心和积极、愉快的情感。

（三）教师与教师的交往

教师与教师之间的人际交往对幼儿的社会性培养具有很大的影响。

1. 教师间的交往是幼儿同伴交往和发展社会行为的重要榜样

教师教给幼儿要互相关心、帮助、抚慰、进行合作等行为，如果教师自己也做到了，那孩子就更容易产生这种行为方式并且长期稳定下来；反之，如果教师之间是漠不关心、人情冷漠的，那么教师再怎么强调培养孩子的爱心、同情心，其效果势必也会大打折扣。因此，教师自身交往的适宜与否是一个重要的方面。

2. 教师间的交往关系到班级、幼儿园是否具有良好的心理气氛

教师间如果相互关心、相互帮助，还会给班、园带来一种温情的气氛，容易激发出积极的社会性行为。幼儿也会从中耳濡目染，不仅学会体察别人的情绪情感，也能学会正确、适宜的行为方式。所以，在创设精神环境时，小至一个班

的主班老师与配班老师，大至全园教师和全体教职工之间的交往，都应当成为幼儿良好社会性发展的榜样。

（四）教师与家长之间的交往

实际中，幼儿的发展并非单纯受幼儿园一种环境的影响，他们同时还接受来自其他大大小小的各种环境的影响。而且，各种环境之间也不是独立、静止存在的，而是相互作用、相互影响的，其作用过程和关系又形成更大的环境系统。环境系统中还包括另外一个对幼儿社会性发展来说非常重要的环境——家庭。家庭环境，包括其社会经济地位、人员构成、相互交往方式、父母奉养方式等，对幼儿社会性发展的导向作用极其重要。教师虽不能像创设幼儿园环境那样去设计和塑造幼儿的家庭环境，但在其教育过程中，一定要注意到每个幼儿都有不同的家庭环境影响，并且应努力向家长灌输与宣传适宜、正确的教育观念和行为，建立密切的家园联系，以影响、促进幼儿更好地发展。在这一方面，教师在改变幼儿家庭的精神环境上是大有可为的。这需要从改变家长的教育观念和教育行为入手。教师要深入了解家长的教育观念、教育行为以及其与幼儿的交往方式，从而有针对性地对其进行适当的感染与影响。

除了人际环境以外，幼儿园的日常规则、一般行为标准也是幼儿园精神环境创设的重要部分。这里的日常规则是针对幼儿园日常活动与教学中经常要遵守的那些规定而言的。例如，教师讲课时要注意听讲，使用玩具时要分享、谦让，接受别人的帮助后应当道谢，等等。向儿童提出规则和行为限制是为了保证教育教学活动和日常生活的正常规则与限制，儿童能够自然而然地对社会交往中一些基本的规则、限制有一些体验和感性认识。而一般行为标准指的是幼儿进行哪种行为会得到同伴的接受、老师的肯定。例如，教师在幼儿初来幼儿园时就明确向幼儿发出这样的信息：打人、骂人在幼儿园是不可行的，没有人会喜欢；而关心、帮助别人肯定会得到老师的表扬，小朋友也会高兴；等等。这些规则和标准在教育活动中应当作为一种前提传达给幼儿，从一开始就要非常明确，并要一贯地执行下去，使幼儿在具体、真实的交往活动中得到运用和体验。

第四章　幼儿营养学基础

第一节　幼儿营养素的需要量及食物的选择

一、碳水化合物

碳水化合物是由碳、氢、氧三种元素组成的一类化合物。因为其氢和氧的比例是1：2，跟水中的氢和氧的比例一样，故称碳水化合物。由于碳水化合物品尝起来有甜味，所以又将碳水化合物称为糖类。

糖类包括单糖（葡萄糖、果糖、半乳糖）、双糖（蔗糖、麦芽糖、乳糖）、寡糖（棉籽糖、水苏糖、低聚果糖、异麦芽低聚糖）、多糖（糖原、淀粉、纤维）。它具有产热快、经济等特点，是人体能量的主要来源。在这些糖类中，有能被人体吸收利用的，如葡萄糖、果糖、麦芽糖等；有不能被人体吸收的，如纤维、低聚果糖等，但是也具有重要的价值。

（一）碳水化合物的生理功能

1. 储存和供给能量

在维持人体健康所需要的能量中，碳水化合物提供的能量约占总热能的55%～65%，是人体能量的主要来源。同时，人体摄入的碳水化合物以糖原的形式储存在肌肉和肝脏中。一旦人体能量供给不足，肝脏中的糖原就会分解为葡萄糖以满足身体的需要。

2. 构成组织及重要生命物质

碳水化合物是构成人体组织的重要物质，人体中的每一个细胞都有碳水化合物的存在，含量大约在2%～10%。除了每个细胞都含有碳水化合物外，糖结合物还广泛存在于各个组织中。

3. 节约蛋白质

当膳食中碳水化合物供应不足时，机体为了满足自身对葡萄糖的需要，蛋白质就转换为葡萄糖供给能量。当摄入足够量的碳水化合物时，就会减少蛋白质的消耗。

4. 避免产生过多酮体

葡萄糖能够帮助脂肪在体内的分解和代谢。当食物中的碳水化合物供给量不足时，体内的脂肪就需要分解成脂肪酸来供给能量，而脂肪酸在代谢过程中不能彻底氧化而变成酮体，酮体在体内蓄积，产生酮血症和酮尿症。

5. 具有解毒功能

若体内储存较多的肝糖原，可增强肝脏的功能。葡萄糖醛酸直接参与肝脏的解毒功能，使有害物质变成无害物质而排出体外。

6. 增强肠道功能

纤维和低聚果糖能够促进肠道蠕动，增加大便量，可冲淡肠道内的毒素，有利于粪便排出，防止便秘。

（二）碳水化合物的食物来源

碳水化合物主要来自植物性食物，富含碳水化合物的食物主要有谷类、豆类、根茎类、蔬菜水果类和菌类等。

（三）幼儿碳水化合物的需要量

中国营养学会根据目前我国膳食碳水化合物实际摄入量的建议，指出成人膳食碳水化合物的参考摄入量为占总热能的55%～65%。碳水化合物摄入过量或者过少都会引起身体不适。例如摄入过量会引起蛋白质和脂肪的摄入量减少，也会对机体造成不良后果，导致体重增加，产生各种慢性疾病。如果碳水化合物摄入过少，可造成膳食蛋白质浪费，机体组织中的蛋白质和脂肪分解增强以及阳离子的丢失等。

二、脂类

脂类包括两种：一类是脂肪；另一类是类脂。脂肪是甘油和脂肪酸的化合物，类脂是磷脂、糖脂、固醇类等化合物的总称。

（一）脂类的生理功能

1. 供给和储存热量

人体热量的20%～30%是由脂肪提供的。脂肪是人体储存热能的仓库，人体食物中摄取的大部分葡萄糖及脂肪，除消耗外，大多以体脂的形式储存在体内，当人体需要热能时，便会动用储存的体脂，以保护体内的蛋白质。

2. 构成组织及重要生命物质

人体的每一个细胞都有脂类的存在，特别是脑和神经组织都含有磷脂，脂类还是合成髓鞘的要素。

3. 防寒和保护机体

肝脏周围的脂肪能够减少运动产生的摩擦，起着固定内脏的作用，皮下脂肪还能减少体内热量的散失，保持体温。

4. 促进脂溶性维生素的吸收

脂溶性的维生素主要溶于脂肪，脂肪能够促进维生素A、维生素D、维生素E、维生素K的吸收。

5. 增进食欲和饱腹感

富含脂类的食物经过烹调后可以增强食物的味道，从而增强幼儿的食欲。同时脂肪在消化道内停留的时间较长，可以使人产生饱腹感。

（二）脂类的食物来源

脂类食物主要来源于动物性食物和植物性食物，动物性食物（瘦肉除外）含有饱和脂肪酸，饱和脂肪酸能够导致动脉硬化；植物性的食物主要含有不饱和脂肪酸，不饱和脂肪酸对人体有益，主要包括：

（1）保持细胞膜的相对流动性，以保证细胞的正常生理功能。

（2）使胆固醇酯化，降低血中胆固醇和甘油三酯。

（3）降低血液黏稠度，改善血液微循环。

（4）提高脑细胞的活性，增强记忆力和思维能力。

（三）幼儿脂肪的需要量

脂肪有利有弊，因此幼儿脂肪摄入要适量。不同年龄阶段的幼儿脂肪摄入量的差别较小。例如1～6岁，婴幼儿脂肪的摄入量占30%～35%。7岁之后，接近成人的水平。

脂肪摄入不足会影响健康，可能会导致营养不良、生长发育落后等问题；脂肪摄入过多容易导致幼儿体重超重或者肥胖，而且容易导致高血压、高血脂等疾病。

三、蛋白质

蛋白质是生命的基础，主要包括碳、氢、氧、氮及硫，有些蛋白质还含有铁、碘、磷等元素，蛋白质是人体氮的唯一来源，是脂肪和碳水化合物不能替代的。

蛋白质的基本构成是氨基酸，氨基酸的排列顺序不同，构成了无数种功能各异的蛋白质。氨基酸主要包括必需氨基酸、条件必需氨基酸和非必需氨基酸。必需氨基酸是指人体（或其他脊椎动物）不能合成或合成速度远不适应机体的需要，必须由食物蛋白供给的氨基酸；条件必需氨基酸是指人体虽能够合成，但通常不能满足正常需要的氨基酸；非必需氨基酸是指人（或其他脊椎动物）自己能由简单的前体合成，不需要从食物中获得的氨基酸。

蛋白质按营养价值分为完全蛋白质、半完全蛋白质、不完全蛋白质。完全蛋白质即所含必需氨基酸种类齐全、数量充足、比例适当，不但能维持幼儿的健康，还能促进幼儿生长发育的蛋白质；半完全蛋白质，即所含必需氨基酸种类齐全，但有的数量不足、比例不适当，可以维持生命，但不能促进生长发育的蛋白质；不完全蛋白质，即所含必需氨基酸种类不全，既不能维持生命，也不能促进生长发育的蛋白质。

一般动物性食物所含有的蛋白质中，必需氨基酸种类较齐全，构成比例恰当，容易被吸收，营养价值比较高；植物性食物所含有的蛋白质营养价值比较低（大豆及其制品除外）。

（一）蛋白质的生理功能

（1）供给机体热能。平时供给人体热量要以糖、脂肪为主，蛋白质次之。正常人每天所需的热能有10%～15%来自蛋白质。

（2）生命的物质基础。人体各组织器官都含有蛋白质，它是建造人体的重要原料，在人体的化学组成中，其含量仅次于水，约占体重的18%。

（3）维持人体组织的生长、更新和修复。幼儿生长发育依靠蛋白质组成身体各组织，维持组织破损和更新的动态平衡。

（4）提高机体的抵抗力。抗体是由蛋白质组成的，蛋白质是机体产生抵抗力必需的营养素。

（二）蛋白质的食物来源

蛋白质主要来源于肉类、蛋类以及乳制品。

（三）幼儿蛋白质的需要量

幼儿在蛋白质的需要量上没有性别差异，男孩和女孩的需要量是一样的，具体如表4-1。

表 4-1 幼儿蛋白质的每日需要量

年龄	男	女
1～2岁	35 mg	35 mg
2～3岁	40 mg	40 mg
3～4岁	45 mg	45 mg
4～5岁	50 mg	50 mg
5～6岁	55 mg	55 mg
6～7岁	55 mg	55 mg

四、矿物质

矿物质是人体中的无机盐，无机盐主要可以分为常量元素和微量元素。人体中含量大于体重0.01%的各种元素称为常量元素，主要有钙、磷、钾、钠、硫、氯、镁7种。微量元素主要包括铁、锌、碘等。

（一）钙

钙是人体骨骼和牙齿的重要组成部分，骨骼和牙齿中钙的含量约占钙总量的99.3%，其余的钙存在于血液里，参与血凝和调节肌肉的兴奋性。钙主要来源于海产品、豆类、乳及乳制品等。植物性食物中芝麻、雪里蕻、茴香、香菜、芹菜中钙含量较高。水果中的西瓜、梨、香蕉、苹果、草莓、樱桃、酸枣中钙的含量也较多。膳食中钙的吸收与维生素D的存在量有关，维生素D可以促进钙的吸收。谷类中的植酸和某些蔬菜中的草酸（竹笋、菠菜）在肠道内与钙结合形成相应的钙盐而影响钙的吸收，因此要注意食物搭配。例如在吃乳制品的同时应该摄入含维生素D多的食物，而豆腐不应该与菠菜搭配等。

幼儿钙的需要量：3岁为350mg/d，4～6岁为450mg/d。在各类食物中，奶是幼儿钙的最好来源，因此每天要保证幼儿奶的摄入量。

（二）铁

铁的含量与红细胞的形成和成熟有关。铁参与体内氧与二氧化碳的运输；同时还具有促进抗体的产生，帮助脂类从血液中转运及药物在肝脏中解毒等功能。动物性的食物含铁丰富，如动物血、动物的肝脏及瘦肉等，植物性的食物如木耳、紫菜等。

膳食中的铁主要有两种，一种是血红素铁，另一种是非血红素铁。一般动物性的食物中血红素铁含量较多，吸收率较高。植物性食物主要含有非血红素铁，含量较低。因此，在铁的补充方面，尽量选择动物性食物。

（三）锌

锌是人体中多种酶的组成部分或酶的激活剂，有近百种酶依赖于锌。同时对蛋白质的合成以及对激素的调节都有重要的影响。

锌主要来源于动物性食物，如瘦肉、动物内脏、蛋黄、鱼及其他海产品，其中墨鱼卵及牡蛎含量较高。

幼儿每日锌的摄入量约为12毫克。

（四）碘

碘是甲状腺素的原料，可以促进人体正常的新陈代谢，促进幼儿生长发育。海产品中海藻类含碘最为丰富，是碘的最佳来源，如海带、紫菜等。日常所食的碘盐，也是补碘的一个重要途径。

中国营养学会推荐每日膳食中碘的供应量为：1～6岁的幼儿为70微克。

五、维生素

维生素是调节人体生理机能所必需的一种营养素，它能增强人体抵抗力，促进生长发育，参与机体新陈代谢，对人的健康至关重要。人体如果缺乏维生素，则会出现物质代谢障碍，引起维生素缺乏症。

维生素可分为两类：一类是脂溶性维生素，主要包括：维生素A、维生素D、维生素E、维生素K；另一类是水溶性维生素，主要包括：维生素C、维生素B族等。

（一）维生素A

维生素A的化学名为视黄醇，能维持人体正常视觉，保护上皮组织的健全。维生素A能促进幼儿的生长发育，维持幼儿骨骼和牙齿的健康。幼儿中维生素A缺乏者，易患夜盲症、肺炎、气管炎等。维生素A主要来源于动物性食物，如：动物肝脏、蛋黄、乳类等。此外，胡萝卜素是维生素A的另外一个重要来源。胡萝卜素是维生素A的前身，它在人体肠道和肝脏内转化为维生素A，因而是维生素A的一个重要来源。胡萝卜素主要存在于深绿色、红黄色蔬菜和水果中，如杏、桃、红薯、胡萝卜、黄色玉米等。鱼肝油中含有维生素A较多，但是吃鱼肝油不可过量，容易造成维生素A中毒；若幼儿看电视、看书、绘画等时间长，用眼过度，会消耗大量的维生素A，应适量补充维生素A，一般采用食补的方法。

中国营养学会推荐幼儿每日膳食中维生素A的供应量为：1～2岁为300微克，2～3岁为400微克，3～4岁为500微克，5～13岁为750微克。

（二）维生素D

维生素D可促进钙、磷的吸收，将钙和磷运送到骨骼内，使骨钙化，促进骨骼和牙齿的正常发育。维生素D对生长发育阶段的幼儿极为重要，如果缺乏维生素D，幼儿易患佝偻病和低钙手足抽搐。食物中所含的维生素D很少，只在乳类、肝脏、蛋类中少量存在。此外，维生素D还可通过晒太阳获得。中国营养学会推荐幼儿每日维生素D的供应量为10微克。

（三）维生素C

维生素C的主要生理功能是促进细胞和细胞之间黏合物质的形成，人体如果缺乏维生素C，易患坏血病，故维生素C又称抗坏血酸。维生素C还可促进铁的吸收，促使体内抗体的形成，提高机体的免疫力。维生素C广泛存在于新鲜蔬菜和水果中，如：绿叶蔬菜、心里美萝卜、猕猴桃、草莓、枣、柑橘、山楂等。

中国营养学会推荐幼儿每日维生素C的供应量为：1岁为30毫克，2岁为35毫克，3～4岁为40毫克，5～7岁为45毫克。

（四）维生素B_1

维生素B_1参与糖的代谢，保证机体能量的供给，维持神经系统、运动系统、消化系统、循环系统的正常生理功能。含维生素B_1较为丰富的食物有谷类、豆类、硬果类、动物内脏、蛋黄等。

中国营养学会推荐幼儿每日维生素B_1的供应量为：1岁为0.6毫克，2岁为0.7毫克，3~4岁为0.9毫克，6~7岁为1.0毫克。

（五）维生素B_2

维生素B_2的主要功能是参与蛋白质、糖、脂肪的代谢。幼儿如果缺乏维生素B_2，会出现口角开裂、发炎，患舌炎，影响视觉功能。维生素B_2广泛存在于各种食物中，如：乳类、动物肝脏、肉类、鱼类、蛋类、绿叶蔬菜、豆类、粗粮等。

六、水

水是人体组织、体液的主要成分，在身体内的含量最高，是维持人体正常活动的重要物质。成人机体含水量约占体重的2/3。

（一）水的生理功能

（1）水是构成身体组织和体液的主要成分。细胞内液约占体重的40%，细胞外液约占体重的20%。幼儿体内水分相对较成人多，约占体重的70%~75%。

（2）水是机体物质代谢所不可缺少的溶液媒介，机体内一切化学变化均有水参加。

（3）水能调节体温。汗液蒸发可以散发热量。

（4）水是血液、尿液的主要成分，可维持血液输送营养物质和正常的排泄功能。

（5）水能起润滑作用，如唾液有利于吞咽，泪液可防止眼球干燥，关节滑液、胸膜浆液都有润滑作用。

（二）水的食物来源

大部分食物中都含有水，例如蔬菜、水果等。除了食物，饮用水是幼儿身体水的主要来源。

（三）幼儿对水的需要量

幼儿对水的需要量主要取决于其活动量的大小，气温的高低，食物的质与量等。通常气温越高，活动量越大，幼儿出汗就会越多，对水的需要量就会增加。而摄入的蛋白质、无机盐较多，在排泄这些物质时需水较多，因此人体对水的需要量也会增大。

年龄不同对水的需要量也有所不同：1岁的幼儿每日每公斤体重应摄取120~

160毫升的水；2~3岁的幼儿每日每公斤体重应摄取100~140毫升的水；4~6岁的幼儿每日每公斤体重应摄取90~110毫升的水。幼儿的饮水量应充足，尤其是大量出汗、腹泻、呕吐以后，可使机体丢失大量水分，这时应及时补充水，以防脱水。

如果幼儿每天饮水过少，就会影响正常的新陈代谢。因此，托幼机构应当每天保证供给幼儿足够的白开水，及时满足幼儿的饮水需要。但是，水的摄入并不是越多越好。饮水过多会加重幼儿肾脏的负担。幼儿的饮用水应以白开水为主，辅助一些汤类、粥等。

七、热量

（一）热量的来源

热量指的是由于温差的存在而导致能量转化过程中所转移的能量。热量的单位是"焦耳"或千卡、"卡路里"（1卡路里=4.19焦耳）。1卡路里即在1个大气压下，将1克水升高1℃时所需要的热能。能量是由产热营养素提供的，蛋白质、脂肪、碳水化合物经体内氧化可释放能量。因此，蛋白质、脂肪、碳水化合物这三者统称为"产能营养素"或"热源质"。经测热器测定，每克蛋白质产生热能4.1千卡，每克脂肪产生热能9.3千卡，每克碳水化合物产生热能4.3千卡。

虽然脂肪产生热能比较高，但是不能作为人体热能的主要来源。摄入过多的脂肪会导致很多问题，例如肥胖、动脉硬化、高血压、高血脂等。幼儿脂肪的摄入量占总热能的30%~35%。碳水化合物应该是热能的主要来源，幼儿碳水化合物占总热能的50%~60%。蛋白质摄入过多会加重肾脏的工作负担，因此也不应作为人体热能的主要来源，幼儿蛋白质的供给量约占每日能量的10%~15%。碳水化合物：脂肪：蛋白质分配应为11：6：3。

（二）热能的消耗

1. 维持基础代谢

基础代谢是指室温恒定为20℃，最后一次进餐后12小时，动作静止，精神安静时人体内的能量消耗。这些能量的消耗主要用于维持体温、肌肉张力、呼吸、循环及腺体活动等基本的生理功能。

2. 食物的特殊动力作用

特殊动力作用指机体摄取食物和消化食物时引起体内能量消耗增加的现象。各种营养素的特殊动力所需要的热量因其分子结构的不同而不同，蛋白质的特殊动力作用消耗的能量最高，相当于其本身所供热能的20%左右，脂肪为4%~5%左右，碳水化合物为5%~6%左右。

3. 运动需要

人不论做任何运动都需要能量，即使从事一些脑力劳动时也会消耗能量。运动的强度越大，持续的时间越长，消耗的能量就越多。活泼好动的孩子比安静的孩子消耗的能量多。

4. 生长发育的需要

幼儿此项消耗的能量约占总热能的25%，其需要量与生长发育的速度成正比。所以，如果能量供应不足，就会使幼儿的生长发育迟缓。

5. 排泄的需要

摄入人体的食物会有一部分没有被吸收而随着粪便排出体外，此部分相当于基础代谢的10%。当出现腹泻时，消耗的能量更多。

（三）幼儿热能的推荐量

人体一日总需热量就是基础代谢、生长发育、运动、食物特殊动力作用及排泄消耗量的总和。

计算幼儿每日三餐热量的步骤：

（1）计算每名幼儿一日膳食中糖、肉、蛋、乳、蔬菜及水果等食物的供给量各是多少千克，然后换算成克。

（2）食物中三种供热物质（蛋白质、脂肪、碳水化合物）的量，然后分别乘以4、9、4千卡，三者相加，即每名幼儿每日食物中获得的热量。

人类所需要的能量及营养素都是从各种食物中获得的，这些食物按其所含的营养素可以分为8类：谷薯类、豆类及含油种子类、蔬菜及水果类、畜禽肉及水产动物类、蛋类、奶类、菌藻类、调味品等。食物中营养价值的高低取决于所含有的营养素是否齐全，并且要看是否有利于人体吸收。

第二节　托幼园所膳食管理

一、幼儿膳食配置与食谱制定

（一）幼儿膳食与进餐特点

1. 幼儿膳食特点

膳食就是我们日常吃的饭和菜，不同年龄阶段的幼儿由于其身心发展的特点不同，特别是消化系统发育情况的差异，对膳食的要求是不同的。1~6岁这一年龄阶段的幼儿，由于消化系统发育尚不完善，膳食呈现出以下特点：

（1）从以奶类食物为主逐步过渡到成人膳食

1岁以后的幼儿需要添加辅食。辅食添加应该从少到多，从稀到稠，如从汁到泥、从泥到块等。3岁以后饮食结构已经基本接近成人，但是要做得比较软。

（2）优质蛋白质的摄入量较高

由于幼儿正处于生长发育的阶段，因此对蛋白质的需要量比较高。幼儿吃的食物量相对少，因此要保证优质蛋白质的摄入。在选择含蛋白质的食物时应尽量选择动物性食物，植物性食物主要以豆类及其制品为主。

（3）食物应易于消化

由于幼儿消化系统发育尚不完善，牙齿的咀嚼能力以及吞咽能力比较弱，胃黏膜比较脆弱，对食物的吸收能力比较弱，因此应该给幼儿易于消化的食物。食物要切碎煮烂，软硬适中。如面条要煮软一些，米饭也要做得软一些，肉要切成小肉丁或者碎末，鱼要挑完刺等。

（4）食物色香味形俱全

幼儿喜欢颜色鲜艳的和形状可爱的食物，所以食物的选择应该尽量做到多种颜色搭配，例如绿色的黄瓜、红色的西红柿、黄色的胡萝卜、紫色的茄子、白色的萝卜等。可以把食物做成可爱的形状，如小熊、小兔子、小猪、花、树等。味道尽量清淡，少放盐和味精等调味品。色香味形俱佳的食物有助于避免幼儿偏食和挑食。

（5）进餐次数多

由于幼儿消化系统的特点，胃容量比较小，在饮食上尽量少食多餐。一般1岁以上的幼儿应该在三次正餐外有两次点心，分别安排在早餐和午餐中间、午餐和晚餐中间。

2. 幼儿进餐中的心理特点

幼儿在进餐过程中，还表现出一些心理方面的特点，例如：

（1）喜欢自主进餐

1~3岁的幼儿自我意识越来越强，凡事都想自己来做，包括进餐。当成人给幼儿喂饭时，他们常表现出抢勺子或者直接用手来抓饭吃等行为，此时的幼儿不喜欢受别人控制，认为自己可以吃饭，并且把自己能独立吃饭当作一件自豪的事情。

2岁半左右的幼儿随着大脑控制能力的增强，手部动作不断协调，已有能力自己吃饭，并能够初步掌握用勺子吃饭的技巧。5~6岁幼儿能够用筷子进餐。

（2）喜欢吃"漂亮"的食物

幼儿喜欢颜色鲜艳、做得比较"漂亮"的物品，这一特点同样体现在幼儿对饮食的喜好方面，例如幼儿喜欢颜色鲜艳的食物，不喜欢颜色单一、暗淡的食物。喜欢形状比较可爱的食物，例如同样是面食，做成普通块状馒头，幼儿不太感兴趣，也不想尝试吃。如果把它做成可爱的小兔子、小猪的形状，幼儿就比较喜欢。对食物的味道，幼儿也表现出偏好，喜欢吃甜食，对辣、苦等一些味道不感兴趣，而且比较厌烦。幼儿对食物的喜好还表现在名称方面，对新颖、好听的名字比较感兴趣。例如把白面和南瓜混在一起做成的馒头，如果叫"馒头"的话，幼儿兴趣不是很高，如果叫"开心小馒头"等，幼儿的兴趣就高一些。

（3）喜欢变化的食物

幼儿喜欢动的事物，而不喜欢静的事物。如果每天吃的都是一样的食物，就像"静"的事物一样，除了不能满足幼儿对营养素的需要外，还会引起幼儿的厌倦，不喜欢吃。所以，要让食物也"动"起来，每一天都有新的变化，除了在食物选材上面的变化，还可以在食物的烹调方式、食物的外形以及食物的组合方面进行改变。

（4）喜欢少量的饭菜

儿童在学前期有了自我实现的愿望，这种愿望同样体现在进食的过程中。例如把幼儿应该吃的食物分成几次给他，每次给的量少一些。当幼儿每次吃完之后，就会获得成就感，所以不要一次把饭菜都给足幼儿，这样既不利于幼儿获得成就感，同样也容易造成剩饭的情况。所以无论是在托幼园所，还是在家庭中，每次都要给幼儿少量的饭菜，吃完再给他们添加。

（5）外界事物容易干扰进餐

由于幼儿的注意力持续时间较短，好奇心较强，容易受到外界环境的变化或者事物的变化而转移注意力。外界事物的干扰很难让幼儿集中注意力进食，容易影响幼儿进餐速度，出现边吃边玩的现象。因此，幼儿进餐时应减少干扰因素，让他们集中注意力进食。

家长和教师了解幼儿进餐时的心理特点，能更好地组织他们进餐。

（二）各年龄阶段幼儿的喂养与膳食

1. 1～3岁幼儿的膳食

1～3岁的幼儿，生长发育十分旺盛，对营养的需求量大。牙齿逐渐出齐，咀嚼能力有所提高，胃的容积在逐渐增大，胃肠消化能力也在逐渐增强。为这一时期的幼儿准备的食物，应做到碎、细、烂、软、嫩。在菜肴方面，为幼儿准备的鱼、鸡、鸭等应先去刺脱骨，再剁成末烹制，蔬菜也应切成碎末状。2岁后，肉和菜可切成小丁、小块或细丝状，避免辛辣味。幼儿膳食的烹制应做到色鲜味美，不宜使用色素。

2. 3～6岁儿童的膳食

这一时期的儿童乳牙已全部出齐，咀嚼能力和消化能力较3岁前有所增强。其膳食种类已接近成人，食物的烹制也逐渐向成人过渡。但仍需注意提供易于消化吸收，色香味美的食物，避免辛辣味。

《中国居民膳食指南》中对3～6岁儿童的膳食提出以下建议：

（1）食物多样，谷类为主

由于3～6岁儿童的消化系统发育逐渐完善，因此可以选择多种多样的食物供给身体所需的营养素，但是在这些食物中，要以谷类为主。因为谷类中含有较多的碳水化合物，可以提供身体所需能量的50%～60%。

（2）多吃新鲜的蔬菜和水果

蔬菜和水果中含有较多的矿物质和维生素，是人体每天所必需的食物。蔬菜和水果所提供的营养素并不完全相同，例如水果中除了含有丰富的维生素外，还有碳水化合物，因此水果和蔬菜不能替换，同时要保证供给新鲜的蔬菜和水果。

（3）经常吃适量的鱼、禽、蛋、瘦肉

鱼、禽、蛋、瘦肉含有较多的优质蛋白质，能够为幼儿提供优质的蛋白质来源。同时此类食物所含有的饱和脂肪酸较低，对人体有益。此外，它们还含有较多的矿物质，例如钙、碘、铁、锌等。

（4）每日饮奶，常吃大豆及其制品

奶类也称乳类，是指动物的乳汁和以此为原料制成的乳制品。常见的奶类食品有牛奶和羊奶。奶类经浓缩、发酵等工艺可制成奶制品，如奶粉、酸奶和炼乳等。奶类的营养价值比较高，含有优质蛋白质、脂类、碳水化合物、矿物质、维生素等，所含的营养素容易被吸收。

（5）膳食清淡少盐，正确选择零食，少喝含糖量高的饮料

由于幼儿的味觉比较敏感，所以食物应该少盐，同时盐摄入过多容易引起一些心脑血管的疾病。要正确选择零食，可以选择各类水果、全麦饼干、面包等，但量要少，质要精，花样也要经常变化。太甜的糕点、糖果、罐头、巧克力等，不应作为孩子的零食。饮料多由各种香精调和而成，不建议幼儿喝饮料。

（6）食量与体力活动要平衡，保证正常的体重增长

目前，由于我国经济水平的发展，幼儿园里出现了越来越多的"小胖子"。幼儿体重超重的现象越来越多，除了在饮食的质上要注意外，在量上也要控制。例如活动量多的时候，幼儿可以多吃一些；活动量少时，可以少吃一些，保证体重的正常增长。

（7）不挑食，不偏食，培养良好的饮食习惯

挑食和偏食会导致幼儿某些营养素缺乏，而某些营养素过剩的情况也不利于幼儿的健康成长。幼儿阶段是培养良好饮食习惯的关键期，因此不管是家庭还是幼儿园都要注意幼儿良好饮食习惯的培养。

（8）吃清洁卫生、未变质的食物

由于幼儿各大系统的发育没有完全成熟，排毒能力较差，必须吃清洁卫生、没有变质的食物。这一方面要求家庭和托幼机构在选购、保存和制作过程中要注意；另一方面要向幼儿传递什么样的食物不能吃，吃后会出现什么后果等信息，加强幼儿健康膳食卫生意识的培养。

（三）幼儿良好饮食行为的培养

1. 养成自主进餐的习惯

培养幼儿自主进餐的习惯，家长要有意识地让幼儿独立吃饭，保护孩子独立进食的积极性，对进餐感兴趣。从进餐中获得满足感和快乐感，获得自信，把吃饭当作一件快乐的事情。当幼儿表现出独立吃饭的愿望时，家长应该给予一定的支持，给幼儿提供独立吃饭的机会。同时家长要有耐心，幼儿在刚独立吃饭的时候，会把身上和桌子上弄得很脏，家长不要因此责备孩子，应该给孩子准备合适的就餐桌椅和餐具，戴好围兜，并对幼儿的独立进餐行为给予鼓励和肯定。如果家长担心孩子吃不饱，可以将独立进餐和家长喂饭相结合。不同的年龄阶段，对儿童独立吃饭的要求不同。例如1岁左右，家长鼓励幼儿用手拿食物吃；1岁半到3岁半，家长鼓励孩子学习用勺吃饭；3岁半到4岁，家长鼓励孩子用筷子吃饭。在幼儿园中，教师同样要培养幼儿自主进餐的习惯，不能因为某个幼儿吃饭慢，就一口一口地喂。

2. 养成有规律进餐的习惯

有规律的进餐有助于保证幼儿能量的供给，同时有助于幼儿对食物的消化吸收，可以避免因饥饿而大量吃零食，或暴饮暴食。

（1）家中和幼儿园进餐时间要固定，这样有利于幼儿形成固定的进餐时间。

（2）尽量固定进餐的地点。进餐尽量固定在熟悉的环境中进行，这样有利于幼儿专心吃饭。避免出现边吃边玩，或者因对进餐环境过于好奇而引起东张西望、不能专心吃饭的情况。

（3）引导幼儿有节制地进食。幼儿缺乏自控能力，遇到自己喜欢吃的食物，往往吃得很多，而家长不加控制就会造成幼儿偏食。因此，在家中，最好是将幼儿每次吃的食物量固定好，把食物分到幼儿专门的餐具中，避免出现暴饮暴食的情况。

3. 养成不挑食的习惯

从小养成不挑食的习惯可以让幼儿全面获得各种营养素，保证幼儿健康成长，这将使幼儿终身受益。

为了让幼儿养成不挑食的习惯，可以从以下几个方面努力：

（1）家长和幼儿教师要有意识地对幼儿进行食物营养方面的教育，例如让幼儿了解不同的食物，了解各种食物对人体的重要性，可以让幼儿参与到食品的制作过程中。例如有的幼儿不喜欢吃芹菜，家长可以和幼儿一起摘芹菜、洗芹菜，询问幼儿如何放调料等，这样幼儿就对自己参与做的芹菜感兴趣，逐渐愿意吃芹菜。

（2）在食物的制作过程中，也要特别注意食物的色、香、味、形，提高食物本身的吸引力。例如有的幼儿不喜欢吃蔬菜，可以将蔬菜制作成饺子馅；或者某种食物换一种做法，改变一下口味，幼儿就有可能喜欢吃。

（3）家长本身要改变挑食的习惯，给幼儿做好榜样。一般家人不挑食，幼儿也受其影响，不会出现挑食的行为。

（4）如果幼儿出现挑食的行为，成人也要正确地面对。人对新的食物或者食物新的做法会有一个适应的过程。当发现幼儿不吃某种食物时，可能是适应的初级阶段，要耐心引导，不必紧张。不要出现强迫幼儿吃饭的情况，如果幼儿很不喜欢吃某种食物，成人用硬喂或恐吓的方式让幼儿食用此种食物，就会导致幼儿对该食物特别反感，造成心理方面的影响。

4. 养成吃健康零食的习惯

大多数幼儿喜欢吃零食，零食也是幼儿膳食中不可忽视的组成部分。零食可以补充正餐中的营养素，同时可以减少饥饿感。养成良好的零食习惯包括吃健康的零食，吃适量的零食。同时，吃零食的时间要掌握好，一般在两餐之间。

5. 养成吃饭不说话的习惯

幼儿在吃饭时，喉部下方的会厌软骨盖住喉的入口处，声门紧闭，食物进入食道；吞咽结束，会厌软骨打开，气体出入呼吸道。由于幼儿神经调节和反应能力差，边吃东西边说话容易发生会厌软骨还没有闭合好，食物进入气管的情况，从而引起窒息。因此，为了幼儿的安全，吃饭时应该保持环境安静，家庭和托幼园所中要避免幼儿吃饭时说话。

6. 养成幼儿礼貌进餐的习惯

礼貌进餐也是幼儿社会化的一部分，是一种社交礼仪。成人应该有意识地培养幼儿就餐的礼仪。礼貌进餐包括：进餐时要坐在餐桌前，不到处走动和打闹；不在公共餐盘中挑自己喜欢吃的食物；吃多少盛多少，不浪费粮食；口中含有饭菜不要说话等。

二、幼儿食谱的制定

（一）编制食谱的基本原则

1. 保证营养平衡

一周食谱中，食物的种类要齐全，应该包括谷类、蔬菜类、水果类、鱼虾类、禽畜类、蛋类、奶类、大豆及豆制品等，保证各种营养素的供应。

2. 保证每餐搭配合理

三餐要做到荤素搭配、干稀搭配、甜咸搭配、粗细搭配等，同时，食物的选择要有变化。

3. 保证三餐热量分布合理

符合早餐吃好、午餐吃饱、晚餐吃少的原则，早、中、晚三餐食物的供热量比应该分别占25%~30%、30%~35%、25%~30%，两次加餐占10%。同时要注意保证早餐蛋白质的供给，一般安排米面等含淀粉比较高的食物，搭配蛋奶等优质蛋白质。

（二）编制食谱的步骤

第一步：确定幼儿膳食能量和三大营养素（碳水化合物约占总热能的50%~60%、脂肪约占总热能的20%~35%、蛋白质约占总热能的10%~15%）的需要量。

第二步：根据能量及营养素全日供应量，按照三餐的比例，计算出三大营养素的每日需要量。一般三餐所需要的能量比为：早餐、早点约占30%，午餐、午点约占40%，晚餐约占30%。

第三步：根据碳水化合物的量确定谷类主食的数量。

第四步：根据蛋白质的量确定副食的品种和数量。

第五步：食物带量搭配。

第六步：将食物合理地分配到全天各餐次中，粗配一日食谱和周食谱，并进行食物营养分析。

三、班级的进餐管理

（一）进餐前的准备

进餐前教师需要做好准备工作，以保证幼儿顺利进餐，具体做法如下：

（1）进餐前15分钟开始做准备工作。

（2）安排幼儿有序地上厕所，洗手。

（3）请幼儿帮助老师摆放桌椅。

（4）如果有时间，可以安排一些活动，例如教师介绍当天要吃的食物以及营养价值，有关食物的生长过程和制作方法，就餐礼仪以及哪些食物不健康等有关食品健康的小知识，这样可以帮助幼儿纠正偏食、挑食等不好的习惯。同时要注意就餐环境的创设，一个温馨愉快的就餐环境有利于食物的摄入和消化。

（二）进餐中的引导

进餐中教师主要做好帮助者和引导者的角色，让幼儿在愉快的氛围里完成进餐。具体做法如下：

（1）教师为每位幼儿分饭菜（饭菜量的多少由教师平时观察每位幼儿的进餐量决定）。

（2）进餐时教师要巡视，及时满足幼儿的合理需求。

（3）在进餐中，不鼓励催促幼儿吃饭，例如让幼儿进行比赛等方法。

（4）不要求幼儿必须将碗中的饭吃完（如果可以吃完，但是碗中还剩有几个饭粒，可以让幼儿将饭粒吃干净）。

（5）在幼儿吃饭的过程中不批评幼儿，例如有的孩子吃饭说话，教师可以提醒幼儿，但是不能批评。幼儿情绪的好坏影响到对食物的消化，可以将问题放到饭后去解决。

（6）进餐时教师不能在一旁聊天，谈论饭菜做得不好吃，或者自己不喜欢吃等话题。

（7）教师要保持积极的情绪，因为教师对饭菜的种类或者做法表现出类似皱眉的动作时，会影响到幼儿对饭菜的看法。

（8）鼓励幼儿独立吃饭。

（三）餐后的整理

在进餐后，教师通常需要做好以下几项工作：

（1）指导幼儿将碗等餐具送回到指定的地方。

（2）指导幼儿进行漱口、擦嘴、洗手等工作。

（3）教师进行桌面的清洁消毒工作。

（4）在活动区进行一些安静的活动或者带幼儿到户外（天气冷或者雨雪天气时可以在走廊）进行散步。

四、托幼园所膳食管理制度的制定

膳食是托幼园所工作中一个重要的组成部分，因此，应该用科学的方法进行管理，以满足幼儿每天的营养及生长发育的需要；同时，膳食的科学管理可以减少食物中毒等事故的发生。

（一）科学膳食管理的要求

1. 建立合理的膳食制度

合理的膳食制度是保证幼儿膳食的一个基本条件，幼儿园要合理地安排幼儿就餐的时间，包括三次正餐和两次间点。一般两餐之间的时间间隔在4小时左右，间点安排在上午十点左右和下午三点左右。同时要合理地分配每餐食物的热量，一般早餐热量为25%~30%，午餐热量为30%~35%，晚餐为25%~30%，早点和午点热量为10%。

2. 提供平衡的膳食

平衡膳食是指能满足热量及各种营养素的需要，且各营养素有正确的比例关系的膳食，平衡的膳食可以参照膳食平衡宝塔。

3. 制订膳食计划

托幼园所应该根据当地的饮食习惯、当地食品的供应情况，以及儿童的年龄特点等因素合理地计划各类食品的数量，制作出一个月的膳食食谱，科学合理地计划幼儿的膳食。

（二）托幼园所膳食管理制度

托幼园所膳食管理制度的主要内容是：成立膳食管理委员会，对托幼园所相关人员进行营养与安全培训，制订膳食计划，进行膳食评价，对从事幼儿膳食工作的人员进行监督，包括炊事员、食品购买人员、保教人员等。同时，还要对托幼园所的饮食卫生、环境卫生进行监督。

膳食管理委员会人员各有分工，应该定期召开会议，对幼儿膳食计划、食谱的制定以及食物的购买进行探讨、评价等，并定期向家长汇报幼儿的饮食情况。

（三）托幼园所食品的选购与储存

1. 食物选购的要求

（1）选择正规的单位

食物必须在正规的单位购头，所选单位具有《食品生产许可证》或《食品流通许可证》。必须做到按照有关规定索证、验证，严格查验食品质量和包装食品标签及卫生许可证或检验合格证。在购买时要索取购买食物的票据，留下购物的凭证。

（2）选择新鲜的食物

托幼园所在选购食物时一定要挑选新鲜的、卫生的，未被致病微生物和有毒、有害物质污染的食物，选择的食品严禁有下列情况：细菌污染和腐烂变质的食物；含亚硝酸盐和多环芳烃致癌物的食物；天然有毒食物；被农药、化肥等污染的食物；无生产许可证、无保质期的食物。

（3）兼顾经济条件

在选购食品时要注意托幼园所伙食费的开支，要求伙食费的盈亏不得超过2%，在保证营养素供给充足的情况下合理选择食物。

（4）专人验收食品

每天有专人负责验收食品，并认真做好记录，在验收时要看货源是否新鲜，有无异味，还要看有无正规生产厂家、生产日期、保质期限。杜绝腐败、变质、超过保质期、无检验合格证及卫生许可证厂商的食品进入托幼园所的食堂。食品经验收合格后，再称重、收货。

2. 食物加工要求

（1）食物的烹调要减少营养素的损失，保留最高的营养成分。如淘米时，要用冷水，不用力搓米，淘米次数要少，以减少营养素的流失；做饭、煮粥和制作面食时不要放碱，以免B族维生素受损；蔬菜要先洗后切，否则维生素C会大量损失；蔬菜要切后就炒，急火快炒；煮菜要少放水，以缩短煮菜的时间；加工动物性食物要尽量切得细、薄，用急火快炒，可拌少量淀粉，使表面凝结，以减少维生素的损失。

（2）食物的烹调要避免有害物质的产生或去除有毒有害物质。托幼机构烹调制备食物要避免采用烘烤、烟熏的方法，以免使食物中的蛋白质、脂肪和碳水化合物焦化，产生致癌物；生豆浆、四季豆要烧熟煮透；避免用铁锅煮酸性食物等。

（3）食物的烹调要使食品具有良好的感官性状，色、香、味俱全能增进食欲，促进胃肠对食物的消化吸收。幼儿进餐时有旺盛的食欲，才有利于摄入足够的食物。由于幼儿对食物的色、香、味、形都比较敏感，因此要通过对食物的烹调加工，使食品具有良好的感官性状，充分调动起幼儿的食欲。烹调制备的食品要细、碎、软、烂，不给幼儿提供有浓烈调味和刺激性食品，不宜让幼儿经常食用过分油腻的食品和油炸食品。

3. 食物储存要求

为保证食物保存较长的时间，并尽量保持其色、味及营养价值，托幼机构选购的食物通常采用冷藏、煮藏、干藏等方法，防止微生物的侵入或抑制细菌的生长繁殖。食品贮存应当分类分架、隔墙离地（至少15厘米）存放，储存的食品应标明进货日期，出库食品应遵循"先进先出"的原则，冰箱内的温度应符合食品储存卫生要求。但一次采购量尽量要少，尤其水果、蔬菜等应吃新鲜的。粮食类食物宜贮存在低温通风的地方。储存食品场所禁止其他杂物存在，辅料罐必须加盖。

（四）厨房和炊事人员的卫生要求

1. 厨房的卫生要求

（1）托幼机构的食堂要接受当地卫生主管部门的卫生监督，申请《卫生许可证》。

（2）托幼机构的厨房应有合乎卫生要求的工作面积，厨房各室的安排要适合工作程序。

（3）厨房应保持光线充足，空气流通，并设有纱窗、纱门，以及排烟、排气、防尘、防蝇、防鼠等设备，厨房应有提供清洁水源和排除污水的设施。

（4）保持厨房及厨房用具的整洁与卫生，经常打扫、清洁与消毒，保证厨房内无蝇、无蚊、无蚂蚁、无蟑螂、无老鼠等。

（5）严格做到厨房生、熟食用具与餐具等分开，烹调操作应采用流水作业法，以防生食与熟食交叉感染。

（6）厨房应有消毒的设备，每餐用过的用具和餐具应及时清洗和消毒。

（7）厨房应有垃圾和污物处理的设施，能及时处理废物，防止害虫孳生和臭气产生。

2. 托幼机构炊事人员的卫生

（1）炊事人员每年要进行1～2次体格检查，接受卫生知识培训，凭卫生防疫部门颁发的合格证持证上岗。

（2）炊事人员应保持个人的清洁卫生，做到勤洗头、勤洗澡、勤换衣、勤剪指甲，上班时不化妆、不涂指甲油、不戴首饰等。

（3）炊事人员应坚持上岗前洗手、换上工作服、戴好帽子；如厕前脱下工作服，便后或接触过污物、生食后应用肥皂洗手；在进行烹调操作前洗手，在尝菜时使用专用的筷子或勺子等。

（4）炊事人员在制作面点及分饭、分菜前，必须洗净双手后再接触食物，在做饭菜或分饭菜时，不能对着食物咳嗽、打喷嚏或说话等。

第五章　幼儿常见疾病与防护

第一节　幼儿非传染性常见病及其防护

一、上呼吸道感染

上呼吸道感染（简称上感），是鼻、咽、扁桃体、喉部感染的总称，是小儿时期最常见的疾病，一年四季均可发生，以冬春季节发病率最高。

（一）病因

上呼吸道感染90%以上是由病毒引起，细菌感染大多发生在病毒感染之后。居住条件拥挤、通风不良、气候改变、冷暖失调、护理不当、与呼吸道感染者接触等常为本病的诱发因素。

（二）症状

（1）一般有发热、鼻塞、流涕、喷嚏、咳嗽等症状。

（2）乏力、食欲不振、呕吐、腹泻、头痛、腹痛、咽部不适。

（3）咽部充血，有时扁桃体充血、肿大，颈淋巴结肿大并压痛，肺部听诊多正常。

（三）护理

（1）患病后注意休息，居室要保持一定湿度的清新空气。多饮水，配以清淡并富有营养的饮食。

（2）病儿高热可在医生的指导下给予退热药，亦可用物理降温法，用温水浸湿毛巾，敷在病儿前额，几分钟换一次。衣被厚薄要适宜，定时测量体温。

（3）抗病毒药物有三氮唑核苷（病毒唑）等，可口服。

（四）预防

（1）增强体质是预防上呼吸道感染的关键。平时注意体育锻炼，经常到户外活动，加强耐寒锻炼，如经常用凉水洗脸，提高对外界环境变化的适应能力。

（2）经常开窗通风，保持室内空气清新，减少病菌。

（3）家庭成员患感冒时，应与幼儿隔离。冬春季不带幼儿到人多的公共场所。

（4）随气温变化和幼儿活动情况及时穿脱衣服，出汗时应及时擦干，防止过热或受凉诱发疾病。

（5）注意幼儿营养和劳逸结合，增强机体抗病能力。

（6）服用"四根"姜汤（大葱根、香菜根、萝卜根、白菜根、生姜），用水煎当茶饮，每天1次，连服3天。

（7）关闭门窗，用每立方空间2～5mL的食醋，加水1倍或2倍，加热至全部汽化，达到居室消毒的目的，每日1次，连用数日。

二、缺铁性贫血

缺铁性贫血是儿童时期的多发病，主要是体内缺铁，使血红蛋白合成减少所致。

（一）病因

以下原因可单独或同时存在。

（1）先天性体内储铁不足。胎儿期从母体所获得的铁以妊娠最后3个月为最多。储存铁及出生后红细胞破坏所释放的铁足够出生后3～4个月内造血之需。早产或双胎儿体内储存的铁少，且出生后发育迅速，易出现贫血。

（2）铁摄入量不足。饮食中铁的供给不足是导致缺铁性贫血的重要原因。人奶和牛奶含铁量均低，不够幼儿所需，如单用奶类喂养又不及时添加含铁较多的辅食，则易发生缺铁性贫血。食物中菠菜含铁虽较多，但吸收较差。大豆为植物中含铁较高且吸收率较高的食物，故可优先选用。肉类中铁的吸收率较高，而蛋类中铁的吸收率低于肉类。

（3）生长发育因素。随着体重增加，血容量也相应增加，因为铁是合成血红蛋白的原料，生长过快容易造成体内缺铁，血红蛋白含量下降。

（4）铁的丢失或消耗过多。长期腹泻可致铁的吸收和利用发生障碍，也可因钩虫病等引起肠道失血，使机体因铁丢失过多而致贫血。长期反复患感染性疾病，可因消耗增多而引起贫血。

（二）症状

（1）由于缺铁使红细胞数目特别是血红蛋白含量低于正常值，故幼儿面色苍白，口唇、耳垂、眼结膜、指甲床等处缺乏血色。

（2）呼吸、脉搏次数增加，活动后感觉心慌、气促。年长儿童会自诉头痛、晕、眼前发黑、耳鸣等症状。

（3）精神不振，疲倦，食欲减退。

（4）由于脑组织供氧不足，长期贫血可影响幼儿智力发展，还会影响孩子的生长发育。

（三）护理

（1）由于贫血患儿抵抗力低，容易感染疾病，如消化不良、腹泻、肺炎等，因此患儿应尽量少到人多的地方去，并注意勿与其他病人接触，以避免交叉感染，因为感染后能使贫血加重。

（2）合理喂养是纠正贫血的重要途径。应多给富含铁的食物，如动物的心、肝、肾、血以及牛肉、鸡蛋黄、菠菜、豆制品、黑木耳、红枣，并纠正偏食习惯。提倡母乳喂养，因母乳中含铁量比牛奶高，且易吸收，并注意及时添加辅助食品。

（3）在医生指导下服用铁制剂。避免与牛奶钙片同时服用，也不要用茶水喂服，以免影响铁的吸收。铁制剂用量应遵医嘱，用量过大可出现中毒现象。

（四）预防

科学喂养，安排合理膳食，并定期去保健医院测量血红蛋白，以便及早发现贫血症状，及时矫治。

三、腹泻

（一）病因

1. 感染性腹泻

感染因素分肠道内感染和肠道外感染两大类。肠道内感染包括病毒、细菌、真菌、寄生虫感染肠道后引起，如吃了被污染的食物或食具被污染，会引起胃肠道感染，这种情况夏秋季多见。肠道外感染以呼吸道感染、泌尿系统感染等引起消化功能紊乱，也可致腹泻。此外，在秋季，因病毒（以轮状病毒为最多见）感染所致的腹泻，称为秋季腹泻，易在幼儿园中流行。

2. 非感染性腹泻

一方面，小儿机体发育尚不完善，消化功能不完善，胃液酸度低，消化酶分泌量不足或者活性低，以致对食物的耐受力低下。另一方面，由于幼儿处于身体快速发育的时期，对各种营养的需求高，相对而言，需要消化吸收更多的食物以满足生长发育的营养需求。所以，一旦喂养不当，非常容易引起消化系统的功能紊乱，如进食量的大小，进食过热、过凉，气候变化等均有可能引起腹泻。

此外，由于幼儿消化系统尚未发育成熟，对各种特殊食物的耐受能力差，很容易发生过敏现象，包括牛奶过敏、麦类食物中谷蛋白过敏，以及乳糖酶缺乏、双糖酶缺乏等引起的过敏，均会引起腹泻。

（二）症状

（1）腹泻症状轻者，一日泻数次至十余次。粪便黄色或黄绿色，呈稀糊状或蛋花样。体温正常或低热，一般情况尚好，不影响食欲。

（2）腹泻症状严重者，一日泻十次至数十次。粪便呈水样，有黏液。食欲减退，伴有频繁呕吐。尿量明显减少或无尿。因机体丢失大量水分和无机盐而发生脱水、酸中毒。脱水的表现是眼窝凹陷、口唇干裂、非常口渴、精神极差。严重时出现高热、嗜睡和昏迷，甚至发生惊厥，危及生命。

（三）护理

（1）给足够的流质以防脱水，从腹泻开始就要给小儿喂比平日更多的水，能喝多少就给多少，白开水、自制的糖盐水、口服ORS补液盐均可。6个月以上的小儿可喂些菜汤、米汤，直到腹泻停止。

（2）给足够的食物预防营养不良，遵循少食多餐原则。可给稀粥、烂面条、鱼肉末、少量蔬菜、新鲜水果汁、香蕉泥，适当地在食物中加少许盐。

（3）按医嘱服药，早治疗，治彻底。

（4）加强臀部皮肤清洁和护理，因排便次数增多对臀部皮肤刺激性加大，因此小儿每次便后都要用清水冲洗臀部和会阴。

（5）注意观察病情变化，当小儿腹泻不见好转或出现以下表现时要及时就医：①频繁大量水样便；②频繁呕吐，口渴加剧；③不能正常进食进水；④口服

ORS补液盐但尿仍很少，眼窝凹陷、口唇干燥；⑤发热，便中带血。

（四）预防

（1）合理喂养，注意个人卫生。

（2）搞好饮食和环境卫生。食品应新鲜、清洁，凡变质的食物均不可喂养幼儿，食具也必须注意消毒。

（3）平时应加强体格锻炼，多做户外活动，提高机体抵抗力。夏季应多喂水，避免饮食过量或食用脂肪多的食物。发现腹泻患儿时应隔离消毒。

（4）对营养不良、佝偻病及病后体弱幼儿应加强护理，注意饮食卫生，避免各种感染。对轻型腹泻应及时治疗，以免拖延成为重型腹泻。合理使用抗生素，避免长期滥用抗生素，使肠道菌群失调，招致耐药菌繁殖引起肠炎。

四、肥胖症

体内脂肪积聚过多，体重超过相应身高标准体重的20%，即为肥胖。超过相应身高标准体重的20%～29%者为轻度肥胖，超过30%～49%者为中度肥胖，超过50%以上者为重度肥胖。

（一）病因

1. 单纯性肥胖症

95%～97%的肥胖症患儿伴有明显的内分泌、代谢性疾病，其发病与下列因素有关。

（1）营养素摄入过多：摄入的营养超过机体代谢需要，多余的能量便转化为脂肪储存在体内，导致肥胖。

（2）活动量过少：缺乏适当的活动和体育锻炼也是发生肥胖症的重要因素，即使摄入不多但如活动过少，也可引起肥胖。有些疾病需要减少活动，在病期或病后易出现肥胖。肥胖儿童大多不喜爱运动，形成恶性循环。

（3）遗传因素：肥胖有高度的遗传性，目前认为肥胖与基因遗传有关。父母皆肥胖的后代肥胖率高达70%～80%；双亲之一肥胖者，后代肥胖发生率为40%～50%；双亲正常的后代发生肥胖者仅10%～14%。

（4）其他：如调节饱食感及饥饿感的中枢失去平衡以致多食，精神创伤以及心理异常等因素亦可致儿童多食。

2. 继发性肥胖

有3%～5%的肥胖症小儿继发于各种内分泌代谢病和遗传综合征，他们不仅体脂的分布特殊，且常伴有肢体或智能异常。

（二）症状（单纯性肥胖）

（1）肥胖可见于任何年龄段幼儿，5～6岁或青少年时期为发病高峰期。患儿食欲极好，喜食油腻、甜食，懒于活动。体态肥胖，皮下脂肪丰厚、分布均匀是与病理性肥胖的不同之处。面颊、肩部、乳房、腹壁脂肪积聚明显。腹部偶可见白色或紫色纹。男孩因会阴部脂肪堆积，阴茎被掩盖，而被误认为外生殖器发育不良。

（2）体重超过同龄幼儿，且身高及骨龄皆在同龄幼儿的高限，智力正常，性发育正常或提前。

（3）肥胖儿常有心理障碍，如孤僻、自卑感等症状。

（4）少数肥胖儿可有扁平足和膝内翻。女孩胸部脂肪增多应和真正乳房发育相区别。

（三）护理

1. 饮食管理

要使肥胖儿体重减轻就必须限制饮食，使患儿每日摄入的能量低于机体消耗总能量，因此饮食管理极为重要。饮食管理的原则如下。

（1）满足基本营养及生长发育的需要。饮食构成以碳水化合物为主的高蛋白、低脂肪食物为主。其中蛋白质供给能量占30%～35%，脂肪供给能量占20%～25%，碳水化合物供给能量占40%～45%。

（2）宜选用热量少、体积大的食物，以满足患儿的食欲，不致引起饥饿的痛苦，如绿叶菜、萝卜、笋等。进餐次数不宜过少，必要时，两餐之间可供低热量的点心。每餐进食的量应合理。

（3）体重不宜骤减。最初控制体重增加，以后使体重逐渐下降，当降至该年龄正常值以上10%左右时，不再严格限制饮食。

（4）注意补充维生素及矿物质。

（5）根据上述原则，食品应以瘦肉、鱼、禽蛋、豆类及其制品、蔬菜、水果为主，限制脂肪摄入量。

（6）必须取得家长的长期合作，鼓励患儿坚持饮食治疗的信心，才能获得满意疗效。

2. 制订运动计划

有的幼儿在生长发育中，因其不良的饮食习惯等会造成肥胖。在合理限制饮食的同时，增加运动使能量消耗，是减轻肥胖者体重的重要手段之一。但因肥胖小儿运动时气短、动作笨拙而不愿运动，需要家长、幼儿合作，共同制订减肥运动计划。开始应选择容易坚持的运动项目，提高对运动的兴趣。运动量根据患儿耐受力逐渐增加，不宜做剧烈运动。

3. 解除精神负担

有些家长对于子女的肥胖过分忧虑，到处求医，对患儿的进食习惯经常指责，干预过甚。这些都会使患儿精神紧张，甚至产生对抗心理，应注意避免。

（四）预防

1. 饮食

肥胖症患儿应食用低脂肪、低碳水化合物和高蛋白饮食，如萝卜、胡萝卜、青菜、黄瓜、番茄、莴苣、苹果、柑橘、竹笋等体积大、热卡低的蔬菜类食品，其纤维可减少糖类吸收和胰岛素的分泌，阻止胆盐的肠肝循环，促进胆固醇排泄。此外要养成良好的饮食习惯，晚餐不要过饱，不吃夜宵，少食多餐，不吃零食。

2. 运动疗法

进行适当的运动能促进脂肪分解，减少胰岛素分泌，使脂肪合成减少。加强蛋白质合成，促进肌肉发育，如晨跑、散步、做操，以不疲劳为原则，否则活动过度反而会食欲大增。

五、龋齿

龋齿俗称"虫牙"，是指牙齿组织逐渐毁坏崩解形成缺损的一种慢性疾病。

（一）病因

目前认为，它是一种多因素疾病，主要是细菌、宿主和饮食三大因素相互作用而导致的。

（1）细菌因素。主要是变形链球菌，另有嗜乳酸杆菌、产酸链球菌、葡萄球菌等。

（2）食物因素。食物的化学性作用。精制的碳水化合物在口腔内经细菌发酵作用产生酸，往往引起龋齿发生。食过多的糖，而缺少钙、磷、维生素A、维生素D、维生素B等皆可引起龋齿。

（3）宿主牙齿和唾液因素。牙齿本身的窝沟、牙釉质发育不良；含氟量低易患龋齿；牙齿排列拥挤、错位、阻生等容易滞留食物，引起细菌生长繁殖也是龋齿发生的条件；唾液缺少、口干症等都可引起龋齿。

（二）症状

（1）牙体硬组织有色、形、质的改变。病牙龋坏处呈白垩色、黄褐色、棕褐色。实质软化，形成龋洞。

（2）牙齿的结构、形态和位置异常。

（3）对温度、化学刺激有症状，去除刺激，症状消失。

（4）深龋洞探查敏感，可致牙髓炎。脓液聚集在髓腔内，压迫神经末梢，可引起剧烈牙痛。

（三）护理

（1）给予富含维生素、钙、磷等食物，使牙齿发育钙化良好，提高其抗龋能力。

（2）发现龋齿，父母应及时带孩子看牙科医生。

（四）预防

（1）注意口腔卫生。3岁以前，饭后漱口，及时清除食物残渣。幼儿3岁即可练习刷牙，养成早晚刷牙的好习惯。选择适合年龄特点的牙刷和牙膏，采用竖刷的方法，刷上颌牙从牙龈处往下刷，刷下颌牙从牙龈处往上刷，可刷净牙缝里的残渣，且不损伤牙龈。

（2）积极锻炼身体。合理营养，多晒太阳，使牙釉质正常钙化，增强抗酸能力。平时少吃零食、糖果，多吃含纤维成分多、硬而粗糙的食物和水果。

（3）预防牙齿排列不齐。

（4）幼儿磨牙的表面窝沟比较深，容易积聚细菌而引发龋齿。因此，将窝沟封闭起来以阻止细菌侵入，可有效预防龋齿发生。

（5）父母切勿将食物经自己咀嚼后再喂给孩子。

（6）定期（半年）带孩子做牙齿检查。做到早发现、早治疗。对错位牙、多生牙应及时进行矫正、治疗或拔除，消除发病因素。

六、弱视

小儿弱视是一种严重危害儿童视觉功能的常见眼病，它是指那些眼球无明显器质性病变而远视力低于0.8，并且不能矫正者。小儿弱视多发于视觉发育早期（3～7岁）。由于双眼视刺激的输入失去平衡，占优势的眼成为健眼，占劣势眼沦为弱视眼，又称"懒惰眼"。弱视属于儿童视觉发育障碍性疾病。治疗年龄越小疗效越高，成年后则治愈无望。家长及幼儿园的教师对此病应重视，早发现、早治疗。

（一）病因

（1）斜视性弱视。一眼为斜视时，斜视眼的黄斑功能长期被抑制，就形成了弱视。

（2）屈光参差性弱视。两眼的屈光参差较大，使两眼所形成的物像清晰度和大小不等，致使双眼物像不易或不能融合为一，日久逐渐产生弱视。

（3）形觉剥夺性弱视。在幼儿时期，先天性白内障，或上睑下垂而遮挡瞳孔，致使视觉发育不好而造成弱视。

（4）先天性弱视。发病机理目前尚不十分清楚，可能与新生儿视网膜发育不良有关。也可能是由于新生儿出生时，视网膜等处发生了小的出血病灶，而影响了视功能的正常发育。

（5）屈光不正性弱视。多为双侧性，发生在没有戴过矫正眼镜的高度屈光不正者，且多见于远视屈光不正。无须特殊治疗方法，戴合适的眼镜，视力自能逐渐提高。

（二）症状

（1）孩子看书写字时两眼离书本太近。

（2）看人物时，一眼注视，另一眼偏斜；看人时歪头；等等，都应到常规医院做眼部检查。

（3）由于弱视的孩子一般无特殊症状，父母应注意观察孩子：①有无斜视；②在阳光下是否一眼眯缝怕光；③看书、看电视时，是否歪头、偏脸；④看东西是否很近。如果发现异常，就要带孩子到眼科医院确诊。

（三）危害性

弱视的最大危害是患儿不仅双眼或单眼视力低下，而且没有完善的双眼视觉功能，没有精细的立体视觉。专家们认为弱视的危害大于近视，因为单纯近视的儿童，看远模糊，看近清楚，视觉细胞和神经还能受到外界物象的刺激而不会衰退。而弱视不同，由于视觉细胞和神经长期受不到外界物象的准确刺激而衰退，远视力低于0.8，如果不及时防治，视力便会永久低下，成为单眼视觉。长此以往，必然会加重健眼的负担，健眼的视力也会逐渐衰退。因此弱视眼对患者来说，将影响一生的生活、学习和工作。在他们眼里，立体视觉模糊，因而不能准确地判断物体的方位和远近。

（四）预防

（1）普及弱视知识的宣传教育工作，使全社会都认识弱视及其危害，都认识弱视早查早治的重要性。

（2）应定期为幼儿检查视力，一般要做到6个月检查一次，以便早期发现弱视，及时治疗。对于有弱视、斜视及屈光不正家族史的幼儿，要更加重视早期检查，发现斜视或注视异常者，要及时检查治疗。

（3）培养孩子养成良好的饮食习惯，不要挑食。多吃些新鲜水果和蔬菜，适当增加蛋白质的摄入，限制过多糖类的摄入，以促进视网膜和视神经的发育。

（4）关注孕妇营养和保健。孕妇要增加营养，调理饮食，注意休息，遵医嘱；做好产前检查，尽可能避免早产、难产等。

七、急性结膜炎

（一）病因

急性结膜炎是由病毒或细菌引起，常见于春夏季。病儿的眼屎和泪水中含有大量细菌和病毒。病儿用过的东西往往被污染，如毛巾、脸盆、水、书报及玩具，甚至门把手，健康小儿再接触时就会传染。幼儿园、寄宿学校易流行。

（二）症状

（1）本病的主要特点是双眼先后发病，发病后眼部明显红赤、眼睑肿胀、发痒、怕光、流泪、眼屎增多、眼痛，一般不影响视力。

（2）由病毒感染的红眼病，症状更明显，结膜大出血、耳前淋巴结肿大并有压痛，还会侵犯角膜而发生眼痛，视力稍有模糊，病情恢复较慢。

（3）结膜充血明显，常有大量脓性和黏脓性分泌物，重症患者结膜有假膜形成或伴有全身症状，如发热不适。

（三）护理

（1）急性结膜炎的治疗主要是点眼药，幼儿园工作人员及家长还要学会点眼药的方法。

（2）不宜给患儿做眼部热敷，因为热敷使局部温度升高，对细菌繁殖更有利，可做冷敷，用凉毛巾或冷水袋均可。切忌将眼包扎，否则眼分泌物不能排出，反而加重病情。

（四）预防

（1）春季气候温暖，加强预防是防治小儿急性结膜炎的根本途径。若小儿已感染急性结膜炎，应进行适当隔离，不要让患儿串门，暂时不要去幼儿园，以免疾病蔓延。

（2）患儿使用过的毛巾、手帕和脸盆要煮沸消毒，晒干后再用，并为患儿准备专用的洗脸用具。

（3）教育孩子注意个人卫生，做到不用脏手揉眼睛，勤剪指甲，饭前便后要洗手。眼屎多时，要用干净手帕或纱布拭之。

（4）小儿一旦患上急性结膜炎，应及时到医院请医生诊治，若治疗不彻底可变成慢性结膜炎。

特别提醒：结膜炎并不是"眼部充血"的唯一病症。眼部充血除了结膜炎外，也要考虑眼部其他疾病，如角膜破皮、青光眼、角膜溃疡或是眼睛内部发炎等眼疾之警讯，不可以大意。

八、痱子

（一）病因

痱子是皮肤汗腺开口部位的轻度炎症。夏天，机体出汗过多，不易蒸发，使表皮角质层浸渍，致使汗腺导管口闭塞，阻碍了汗腺的正常分泌。汗液潴留后，其内压力增高，使汗腺导管在不同水平上发生破裂，造成汗液溢出渗入附近的组织，引起刺激，形成疱疹和丘疹，即所谓的痱子。幼儿尤易生痱子。

（二）症状

（1）除手心、脚底以外都可生痱子，常发生在头皮、前额、颈部、胸部、腋窝、腹股沟等皱襞和容易出汗的摩擦部位。

（2）病变处出现针头大小密集的红斑性疱疹。痱子常成批出现，自觉轻微烧灼及刺痒感。痱子消退后可有轻度脱屑，不留痕迹。

（3）若痱子发生继发性感染，可发生脓疱或疖。

（三）护理

（1）长痱子应先用温水洗净皮肤，再用痱子粉或痱子药水抹擦。若水温太低，皮肤毛细血管骤然收缩，汗腺孔随即闭塞，汗液排泄不出，痱子加重。水温过热则刺激皮肤，使痱子增多。

（2）勤剪指甲，保持手部干净，避免抓挠皮肤引起继发性细菌感染。

（3）如果出现脓肿应到医院诊治，遵医嘱口服抗生素治疗。

（4）不要给孩子多抹粉类爽身护肤用品，以免与汗液混合堵塞汗腺，导致出汗不畅，引起汗腺周围炎症。

（5）注意通风，有条件的家庭应安装空调。多为孩子洗澡，每日1次或2次。

（四）预防

（1）居室注意通风，保持凉爽，避免过热，遇到气温过高的日子，可适当使用空调降低室内温度。

（2）勤洗澡，保持皮肤清洁。看到孩子大汗淋漓，就应及时擦干汗水。

（3）不要穿着过多，避免大量出汗，要穿宽松、透气性、吸湿性均好的棉质衣服，以免皮肤受到不良刺激。

（4）夏季要适当控制孩子户外活动的时间和活动量。

（5）多饮水，尤其是凉开水，常喝绿豆汤及其他清凉饮料，吃清淡易消化的食物，少吃油腻和刺激性食物。

九、脓包疮

脓包疮俗称"黄水疮"，是一种最常见的细菌感染的化脓性皮肤病。引起该病的罪魁祸首是葡萄球菌或溶血性链球菌，可混合感染。本病多见于夏季或初秋闷热的天气。

（一）病因

脓包疮多发生于2~7岁的幼儿，由于他们皮肤细嫩、抵抗力差及皮肤容易受创伤等因素或患瘙痒性皮肤病，如痱子、湿疹、虫咬皮炎时，化脓性细菌容易侵入皮肤诱发脓疱疮。这种疾病有一定的传染性，由接触引起，主要通过与脓包疮患者的直接接触而感染，少数也可通过接触被污染的衣物而被感染。

（二）症状

（1）脓包疮好发部位为面部、头皮、颈及四肢等暴露部位。脓包疮病变部位较浅，愈后一般不留疤痕。

（2）脓包疮形态初起时为红斑、丘疹或水疱，渐变成脓包。疱液先澄清后混浊，成群分布，水疱有半月形积脓现象，疱壁薄易破。数日后脓包破裂，流出黄色脓液，结成黄痂。

（3）脓液中有大量病菌，传染性很强，被脓液污染的健康皮肤可发生新的脓包疮。

（4）重症患者可伴有高热、淋巴结肿大或引起败血症，甚至继发急性肾炎。

（三）护理

（1）幼儿患脓包疮，应立即隔离。抹药前先清洁皮肤。

（2）保持皮肤清洁干燥，防止脓液外溢引起周围正常皮肤自体接种或通过手搔抓而散播，禁止水洗。

（四）预防

（1）注意个人卫生。勤洗澡，勤换衣服，勤洗手且勤剪指甲，保持皮肤清洁，避免因瘙痒抓破皮肤而感染脓疱疮，加强对居家环境卫生管理。

（2）应与已传染的患者隔离，避免接触性感染。患儿用物应煮沸消毒或太阳暴晒。护理患儿后，用肥皂水洗手。

（3）保持充足睡眠或补充B族维生素及维生素C，可增强抵抗力。

（4）有湿疹、痱子等其他瘙痒性皮肤病患者，应及时诊治。

（5）夏秋季，可使用新鲜丝瓜汁涂抹感染部位。

十、儿童皮肤过敏

常见的儿童皮肤过敏有接触性过敏性皮炎和光敏性皮炎。接触性过敏性皮炎是由于皮肤或黏膜接触致敏物质，在接触部位所发生的急性或慢性皮炎。化纤类衣物、染发剂、化妆品等致敏物质都可引起接触部位发生界线清楚的红斑、丘疹、丘疱疹等症状。光敏性皮炎表现为与光敏性物质或药物接触，在受到紫外线照射后，会在12小时内出现红斑，有肿胀感，可能会有水泡出现，并伴随有灼热感、痒感，但一般不会出现痛感，大多发生在面部、前臂、手背等暴露部位。

发病原因：儿童皮肤过敏是以红、肿、瘙痒为特征的发炎性皮肤病。过敏产生后宝宝就会反复抓挠、哭闹，严重的还会造成食欲不振，进而影响精神状态。容易过敏的体质是可以遗传的，如果父母对花粉、宠物或某种食物过敏，孩子也有50%的可能性患过敏症。如果父母双方都有过敏的话，孩子患过敏症的概率会达到75%。儿童皮肤过敏现象比成人更常见，这是因为宝宝的皮肤比成人更加娇嫩，更容易出现皮肤过敏。

儿童过敏预防措施："过敏儿"可以设法预防，在孩子尚未出世之时，甚至在新生命尚未形成之际，就有不少因素在影响着孩子是否会成为一个"过敏儿"。

因为过敏的体质是可以遗传的，所以专家建议过敏性体质的男女之间应尽量避免通婚。

不良的居住环境是孕育"过敏儿"的温床。如家中尘螨含量较高，或养宠物（尤其是猫），或有人常在家抽烟，或因烧香等使屋内空气混浊，都可使孩子早早地发生过敏性疾病。因此在高危幼儿的居室内除了不养宠物、不抽烟，尽可能保持低污染之外，尚应采取措施努力减少尘螨的数量；使用减湿器或通风机使室内湿度小于50%；不在室内铺设地毯；定期清洗门、窗帘和玩具；每周用50度以上的热水清洗枕巾、枕套、床单一次；定期更换枕头；等等。

以下几项措施是在日常生活中防止发生过敏性疾病的有效措施。

（一）饮食保健

幼儿饮食以清淡为主，调味料及色素应尽量减少。

（二）减少卧室的尘埃

消除幼儿皮肤过敏要减少卧室的尘埃，室内环境保持清洁，勤用湿布擦拭，勤换洗儿童用的被单、被套、枕套等用品。

（三）避免接触刺激物

尽可能避免使用香水、杀虫剂等挥发性物质；室内使用高效能的空气滤清器可净化空气；避免到花开繁茂的地方去，尤其不要选择风大的天气出游。

（四）控制环境的湿度

潮湿的环境容易滋生细菌，环境湿度应控制在50%为宜。

总之，孩子即使是因遗传造成过敏性体质，只要及早采取得力的干预措施，仍可避免发生过敏性疾病，成为健康儿童。

第二节　幼儿传染病及其预防

传染病即传染性疾病，是由病原体（细菌、病毒、立克次体、寄生虫等）引起的能在人与人、动物与动物或人与动物之间相互传染的疾病。

传染病是常见病、多发病中的一组疾病。由于儿童对疾病的抵抗力较弱，在集体生活中儿童彼此间接触密切，容易发生传染病，并可迅速传播造成流行。因此，预防和管理传染病是一项重要的保健工作。

一、传染病的基本特征

（一）有病原体

病原体是指周围环境中能使人感染疾病的微生物，包括细菌、病毒、立克次体、螺旋体、原虫、蠕虫等。每种传染病都各有其特异的病原体，如麻疹的病原体是麻疹病毒，结核病的病原体是结核杆菌。这个特征是与非传染病的根本区别。

（二）有传染性

病原体经过一定的途径，从患者、其他动物或带有病原体的物体传染给易感者，所以传染病都有传染性。

（三）有流行性、地方性、季节性

（1）流行性。按传染病流行过程的强度和广度可分为四种。散发是指传染病在人群中散开发生。流行是指某一地区或某一单位，在某一时期内，某种传染病的发病率超过了历年同期的发病水平。大流行是指某种传染病在一个短时期内迅速传播、蔓延，超过了一般的流行强度。暴发是指某一局部地区或单位，在短期内突然出现众多的同一种疾病的病人。

（2）地方性。它是指某些传染病或寄生虫病，其中间宿主受地理条件、气温条件变化的影响，常局限于一定的地理范围内发生，如虫媒传染病、自然疫源性疾病。

（3）季节性。它是指传染病的发病率在年度内有季节性升高，与温度、湿度的改变有关。

（四）有感染后免疫

人体这种阻止病原体的侵入、消灭侵入人体内的病原体以及清除其毒性产物的防卫能力，称为免疫力。也就是说，人体感染病原体后，体内会产生相应的抗体，可抵抗相同的病原体。例如，患过麻疹的人，因为对这种病产生了免疫力，所以不会再患第二次。

二、传染病发生和流行的三个环节

传染病的流行必须具备的三个环节，即传染源、传播途径和易感人群。三个环节必须同时存在，方能构成传染病流行，缺少其中的任何一个环节，不可能形成流行。当传染病流行时，切断其中任何一个环节，流行即可终止。

（一）传染源

传染源是指体内带有病原体，并不断向体外排出病原体的人和动物。传染病患者、病原携带者和受感染的动物是传染源。

（1）在大多数传染病中，病人是重要的传染源，然而在不同病期的病人，传染性的强弱有所不同，在发病期其传染性最强。

（2）病原携带者包括病后病原携带者和无症状病原携带者。病后病原携带者又称为恢复期病原携带者，3个月内排菌的为暂时病原携带，超过三个月的为慢性病原携带。

（3）动物作为传染源传播的疾病，称为动物性传染病，如狂犬病、布鲁氏菌病；野生动物为传染源的传染病，称为自然疫源性传染病，如鼠疫、钩端螺旋体病、流行性出血热。

（二）传播途径

病原体为了维持其物种的存在，需不断地更换宿主。病原体由传染源排出后再侵入另一个易感机体，它在外界环境中所经历的途径即为传播途径。例如，空气、水、食物、手、蝇及日常生活用品，参与病原体传播的媒介物称传播因素，主要传播途径有以下几种。

（1）水与食物传播。病原体污染了饮用水和食物，易感者通过污染的水和食物被感染。菌痢、伤寒、霍乱、甲型毒性肝炎等病通过此方式传播。

（2）空气飞沫传播。病原体由传染源通过咳嗽、喷嚏、谈话排出的分泌物和飞沫，使易感者吸入受染。流脑、猩红热、百日咳、流感、麻疹等病通过此方式传播。

（3）虫媒传播。病原体在昆虫体内繁殖，完成其生活周期，通过不同的侵入方式使病原体进入易感者体内。蚊、蚤、蜱、恙虫、蝇等昆虫为主要的虫媒传播媒介，如蚊传疟疾、丝虫病、乙型脑炎、蜱传回归热、虱传斑疹伤寒、蚤传鼠疫、恙虫传恙虫病。病原体在昆虫体内的繁殖周期中的某一阶段才能造成传播，故称生物传播。病原体通过蝇机械携带传播于易感者称机械传播，如菌痢、伤寒。

（4）日常生活接触传播。患者或携带者排出的分泌物或排泄物污染了日常用品，如衣被、毛巾、玩具、食具，造成传播。多种肠道传染病通过被污染的手传染，是一种间接传播。

被污染的手在日常生活接触传播中起特别重要的作用，具有流行病学意义，此种接触传播与病原体在外环境中的抵抗力、日常消毒制度是否完善、人们的卫生知识水平及卫生习惯等有关。

（5）直接接触传播。病原体不经过外界途径，由传染源直接到达易感者身上，使之得病，如狂犬病。

（6）经土壤传播。土壤可因种种原因而被污染，传染源的排泄物或分泌物以直接或间接方式使土壤污染。因传染病死亡的人畜尸体，由于埋葬不妥而污染土壤。在有些肠道寄生虫的生活史中有一段时间必须在土壤中发育至一定阶段才能感染人，如蛔虫卵、钩虫卵。某些细菌的芽孢可在土壤中长期生存，如破伤风杆菌、炭疽杆菌。这些被污染的土壤经过破损的皮肤使人们感染。

（7）母婴传播。孕妇在产前将其体内的病原体传给胎儿称垂直传播，亦称母婴传播，包括胎盘传播、分娩损伤传播、哺乳传播和产后传播四类。

（8）医源性传播。医源性传播指在医疗及预防工作中人为地引起某种传染病传播，一般分两类：易感者在接受治疗、预防及各种检测实验时，因污染的器械、针筒、针头、导尿管等而感染某些传染病；生物制品单位或药厂生产的生物制品或药品受污染而引起疾病的传播。

（三）易感者

易感者指对某种传染病缺乏特异性免疫力，被传染后易发病的人，称为该种传染病的易感者。例如，未出过水痘的儿童就是水痘的易感人群。在传染病流行期间要重点保护易感人群，避免他们与传染源的接触，并在必要时服药预防。做好预防接种是减少和保护易感人群的重要措施之一。

三、传染病的预防

（一）控制传染源

（1）对病人和疑似病人早发现，早诊断，早报告，早隔离。早治疗是控制、消灭传染病的重要环节，可以控制传染源向外扩散病原体，防止在人群中传播和蔓延。

（2）动物传染源根据需要予以检疫、捕杀、焚烧、深埋。大的动物可隔离治疗，家畜和宠物应做好检疫和预防接种。

（3）托儿所、幼儿园所应完善并坚持执行健康检查制度，如工作人员及新生进园前体检，体检合格者才可接受，凡传染病患者、病原携带者暂不接受。要做好对幼儿的晨间检查和全日观察工作，若发现传染病或怀疑是传染病患儿，应立即报告卫生防疫部门，以预防并控制传染病的流行。有条件的托儿所、幼儿园所应设隔离室及时隔离患儿、接触者及疑似传染病患儿。

（二）切断传播途径

切实搞好疫源地的消毒和隔离管理，在发生烈性传染病时可考虑封锁疫区。冬春季节易发呼吸道传染病，应定时开窗通风，多晒太阳，阳光中的紫外线是最好的消毒剂。幼儿应避免到人多拥挤的公共场所去玩，天冷时外出乘车要戴口罩。肠道传染病主要是病从口入，要切实做好饮食卫生、个人卫生，饭前便后洗手，玩具消毒。

（三）保护易感人群

（1）提高人群非特异性免疫力的措施。平时养成良好的卫生习惯，形成规律的生活制度，改善营养及加强体育锻炼等措施均可提高机体非特异性免疫力。

（2）提高人群特异性免疫力的措施。通过预防接种提高人群的主动或被动的特异性免疫力是预防传染病非常重要的措施。接种疫苗、菌苗、类毒素等后可使机体具有对抗病毒、细菌、毒素的特异性主动免疫；接种抗毒素、丙种球蛋白或特异性高价免疫球蛋白后，可使机体产生特异性被动免疫。有些传染病可通过服药进行预防，如猩红热和流行性脑脊髓膜炎流行时，对密切接触者可服用抗菌药物进行预防。

在传染病流行期间应该注意保护易感者，不要让易感者与传染源接触，并且进行预防接种，提高易感人群的抵抗力。对易感者本人来说，应该积极参加体育运动，锻炼身体，增强抗病能力。开展爱国卫生运动，搞好环境和个人的卫生，消灭苍蝇、蚊子、老鼠、臭虫等传播疾病的来源，对于控制传染病的流行能起很大作用。

四、免疫

（一）免疫防线的构成

人体的免疫系统共有三道防线：

第一道防线是由皮肤和黏膜构成的，它们不仅能够阻挡病原体侵入人体，而且它们的分泌物（如乳酸、脂肪酸、胃酸和酶等）还有杀菌的作用。呼吸道黏膜上有纤毛，可以清除异物。

第二道防线是体液中的杀菌物质和吞噬细胞。这两道防线是人类在进化过程中逐渐建立起来的天然防御功能，特点是人人生来就有，不针对某一种特定的病原体，对多种病原可以防止病原体对机体的侵袭。

第三道防线就是特异性免疫。主要由免疫器官（胸腺、淋巴结和脾脏等）和免疫细胞（淋巴细胞）组成。其中，淋巴B细胞"负责"体液免疫，淋巴T细胞"负责"细胞免疫（细胞免疫最后往往也需要体液免疫来善后）。第三道防线是人体在出生以后逐渐建立起来的后天防御功能，特点是出生后才产生的，只针对某一特定的病原体或异物起作用，因而叫作特异性免疫（又称后天性免疫）。后天性的特异性免疫系统，是一个专一性的免疫机制，针对一种抗原所生成的免疫淋巴细胞（浆细胞）分泌的抗体，只能对同一种抗原发挥免疫功能，而对变异或其他抗原毫无作用。

只有三道防线同时、完整、完好发挥免疫作用，我们的身体健康才能更充分得到保证。

（二）计划免疫

计划免疫是根据危害儿童健康的一些传染病，利用安全有效的疫苗，按照规定的免疫程序进行预防接种，提高儿童免疫力，以达到预防相应传染病的目的。身体对传染病的抗病能力叫免疫力，有计划地提高孩子的免疫力，就叫作计划免疫。

危害儿童健康的传染病有麻疹、小儿麻痹症、结核病、白喉、百日咳、破伤风、乙型肝炎、流行性乙型脑炎等。这些病都比较严重，一旦染上，会影响儿童的生长发育，有的还会威胁生命，或留下后遗症，给个人、家庭带来不幸，给社会造成负担。计划免疫是预防和控制并最终消灭相应传染病最方便、最有效、最经济的手段。列入计划免疫的疫苗有卡介苗、小儿麻痹糖丸、百白破三联混合制剂、麻疹疫苗，通常简称"四苗"，还有乙肝疫苗、乙脑疫苗等。托幼机构应密切配合防疫部门，按免疫程序进行预防接种。

1. 基础免疫

基础免疫是指按照一定的免疫程序，对特定年龄组儿童进行的疫苗初次免疫，它是控制和消灭相应传染病最基本的免疫策略。大部分疫苗的基础免疫需要接种多次才能达到满意的免疫效果。例如，百白破三联首次接种后机体产生抗体较慢，而且水平低，只有经过第二、三次接种才能产生较好的免疫效果；脊髓灰质炎疫苗（又称小儿麻痹糖丸）一次服疫苗后，仅有85%左右的儿童中和抗体阳转，甚至更低，经过三次全程基础免疫后，三个型别的中和抗体阳转率可达95%以上，从而达到很好的免疫保护作用。

2. 加强免疫

各种疫苗接种后所产生的免疫预防作用都有一定的期限，在完成基础免疫后经过一定的时间，体内免疫力逐渐减弱或消失，为使机体继续维持牢固的免疫力，需要根据不同疫苗的免疫特性进行适时的再次接种，这就是加强免疫。

只有做好基础免疫，再按时做好加强免疫，才能使体内总保持有效的免疫力，足以抵抗常见传染病的侵袭。

传染病的种类很多，各地卫生部门应根据当地传染病的流行趋势、人群免疫水平等制定该地区的免疫程序，供应疫苗，组织接种工作。儿童必须按照计划的免疫程序，及时接种疫苗。

还有一些疫苗不属于强制免疫范围，如麻腮风、风疹、腮腺炎、肺炎、水痘，可自愿选择打或不打。记住一点，凡是收费的疫苗都需要家长签名认可方可接种。

五、儿童常见传染病

（一）水痘

水痘是一种小儿最常见的呼吸道传染病。传染性极强，发病率高，多在冬春季流行。多见于1～6岁的小儿，常在托儿所、幼儿园中流行。病后可获得终身免疫力。

1. 病因

水痘由水痘病毒引起，病毒存在于患者的鼻咽分泌物和皮疹内。病初，主要经飞沫传播。另一种是接触传染，因接触了被水痘病毒污染的食具、玩具、被褥及毛巾等而被感染。

2. 症状

病初1～2天有低热，以后出皮疹。皮疹先见于头皮、面部，渐延及躯干、四肢。最初皮疹是红色小点，一天左右变为水疱，3～4天后水疱干缩，结成痂皮。干痂脱落后，皮肤不留疤痕。发疹期间患者多有发热、精神不安、食欲不振等全身症状。在得病的1周之内，由于新的皮疹陆续出现，而陈旧的皮疹已经结痂，在病人皮肤上可同时见到红色小点、水疱、结痂三种类型的皮疹。出皮疹期间皮肤瘙痒。

3. 护理

发热时应卧床休息，室内保持空气清新，吃易消化的食物，多喝水。注意皮肤清洁，内衣、床单要勤换洗。因皮肤瘙痒，小儿常抓破皮肤可造成化脓性皮肤病，可用炉甘石洗剂擦在皮肤上止痒。给小儿勤剪指甲，以免搔伤皮肤。

4. 预防

早发现、早隔离患儿。患儿隔离至皮疹全部干燥结痂，没有新皮疹出现，方可回托儿所、幼儿园。接触者检疫21天。患儿停留过的房间开窗通风3小时。

（二）麻疹

麻疹是幼儿常见的呼吸道传染病，传染性极强。麻疹一年四季都可发生，但以冬春季多见。患过一次麻疹后，可获得终身免疫力。病毒离开人体后，生存力不强，在流通的空气中或日光下经半小时即被杀死。

1. 病因

病原体为麻疹病毒。病毒存在于患儿的血液、口、鼻及眼的分泌物及大小便中，主要经飞沫传播，未患过麻疹及未接种过麻疹减毒活疫苗的小儿，均易受感染。

2. 症状

（1）病初3～4天可有发热、咳嗽、流鼻涕、眼怕光、流泪等现象。大多数患儿在发热后2～3天，在口腔两侧的颊黏膜上，有灰白色的小点，针头大小，外周有红晕。这种麻疹黏膜斑是早期诊断麻疹的重要依据。

（2）于发热后3～4天开始出皮疹。皮疹先见于耳后、颈部，渐至面部、躯干、四肢，最后手心、脚心出疹。皮疹与皮疹之间可见到正常的皮肤。出疹期间全身症状加重、高热、咳嗽，常有呕吐、腹泻。

（3）出疹一般持续3～4天，疹子顺利出齐后开始消退，体温渐渐恢复正常。皮疹消退后留下褐色的斑点，经2～3周斑点完全消失。

3. 护理

（1）患儿住室应保持空气新鲜，但不宜让风直接吹着患儿。室温应较恒定，避免忽冷忽热，空气应较湿润。

（2）常洗脸，用温开水洗净眼分泌物，不要让眼屎封住眼睛；不必擦拭口腔，多喝开水就可以达到清洁口腔的目的；及时清除鼻腔分泌物。

（3）饮食宜富于营养而好消化。发热时，可吃流质饮食。热退，饮食仍需清淡，但不必吃素。因为麻疹病程长，体内营养物质的消耗较多，完全吃素，就会缺乏优质蛋白质、维生素A等营养物质，不仅疾病不易痊愈，还可能会得维生素A缺乏症。所以出疹期间还应补充一些瘦猪肉、鱼肉、鸡蛋、牛奶等富含蛋白质和维生素A的食物。在出疹期间喝芦根水，可帮助表疹（使疹子出透）。

（4）注意发现并发症。如果患儿高热不退、咳嗽加重、气喘发憋，常是并发肺炎的表现。若患儿声音嘶哑、喝水发呛、吸气时明显费力，是并发喉炎的表现。有并发症时，常常疹子出不透，疹色淡白或发紫。有并发症应及时治疗。

4．预防

（1）接种麻疹减毒活疫苗。

（2）2岁以下或有慢性病的小儿，接触麻疹患儿后，可进行人工被动免疫。用于人工被动免疫的生物制品有丙种球蛋白、胎盘球蛋白等。人工被动免疫的免疫力可立即出现，但持续时间只有2～3周。在小儿接触麻疹后5天内注射足量的人工被动免疫制品可制止发病；在接触5～9天内注射，可减轻症状。

（3）患儿停留过的房间，开窗通风3小时。

（4）接触者检疫。

（三）风疹

风疹是由风疹病毒引起的呼吸道传染病。常见于冬春两季，患儿多为2～5岁儿童。风疹病毒在体外生存能力很弱，因此，传染性较小。本病痊愈后，可获得终身免疫力。

1．病因

病原体可由患者的口、鼻、眼等分泌物直接传给易感者，也可以通过呼吸道飞沫传播。

2．症状

（1）潜伏期10～21天。

（2）病初可有发热、咳嗽、流鼻涕等症状，体温多在39 ℃以下。

（3）发热当日或次日就出现皮疹。皮疹很快布满全身，但手心、脚心一般没有皮疹。

（4）患儿耳后及枕部的淋巴结肿大。

3. 护理

发热时卧床休息，多喝开水，注意保持皮肤卫生，一般不需特殊治疗。孕妇勿护理风疹病人，以免感染风疹，致胎儿畸形。

4. 预防

（1）隔离患儿至出疹后5～7天；密切接触者医学观察21天，观察期宜早、中、晚各检测一次；托幼机构不得接受或转出儿童。

（2）可给易感儿接种风疹减毒活疫苗，使机体产生抗体。

（四）流行性腮腺炎

流行性腮腺炎就是常说的"痄腮"，是一种急性呼吸道传染病。儿童较多见，成人较少见。得了这种病的病人主要表现为腮腺肿大与疼痛，多流行于冬、春二季。患者痊愈后可获终身免疫力。

1. 病因

流行性腮腺炎的病原体是腮腺炎病毒。病毒存在于患者及隐性患者的唾液内，当大声说话、咳嗽或打喷嚏时，随飞沫喷出，与病人密切接触的易感者通过吸入带有病毒的飞沫而被传染。

2. 症状

（1）起病急，可有发热、畏寒、头痛、食欲不振等症状。

（2）1～2天后腮腺肿大，肿大以耳垂为中心，边缘不清楚，有轻度压痛。张口或咀嚼时感到腮腺部位胀痛，尤以吃硬的或酸的食物时疼痛加剧。

（3）一般先一侧腮腺肿大，1～2日后另一侧也肿大，经4～5天消肿。

3. 护理

（1）进食后用盐开水漱口，保持口腔清洁。

（2）多喝水，饮食以流质、软食为宜，避免吃酸辣的食物。

（3）本病可采用中草药治疗，如板蓝根冲剂。

4. 预防

（1）患儿隔离至腮腺完全消肿为止。

（2）接触者可服板蓝根冲剂预防。

（五）百日咳

百日咳是由百日咳杆菌所致的常见小儿呼吸道传染病。其特点是阵发性、痉挛性咳嗽，常伴有深长的"鸡鸣"样吸气声。病人是唯一的传染源，传染期长，从潜伏期末的1~2天，至病初的2~3周，均有极强的传染性，这正是集体儿童中易流行此病的原因之一。5岁以下儿童占发病人总数的85%。

1. 病因

病原体为百日咳杆菌，通过咳嗽时排出的飞沫传播。患过百日咳后可获得持久免疫力，一生中得两次者少见。

2. 症状

（1）病初类似感冒，数日后咳嗽加重，尤其夜间咳重。经1~2周发展为阵咳期。

（2）阵咳期表现为一阵一阵的咳嗽。咳声短促，连咳数十声而无吸气间隙，脸憋红，鼻涕、眼泪流出，最后有一深长的吸气。

（3）经2~6周的阵咳期以后，进入恢复期。恢复期2~3周。

3. 护理

（1）病人住室应保持空气新鲜。不要在室内吸烟、炒菜，以免引起咳嗽。给病儿穿暖和，到户外轻微活动，可以减少阵咳的发作。

（2）因病人常有呕吐，呕吐后要补给少量食物。饮食宜少食多餐，选择有营养、较黏稠的食物。

4. 预防

（1）注射三联（百日咳、白喉、破伤风）疫苗可有效地预防，要按时给孩子接种。

（2）早发现、早隔离病人。

（3）接触者检疫，在检疫期间出现咳嗽症状即应隔离观察。

（六）猩红热

猩红热为乙型溶血性链球菌引起的呼吸道传染病，病菌在人体外生命力较强。多发生在春秋两季。

1. 病因

病人和带菌者是主要的传染源，主要经飞沫传播，少数可由被细菌污染的食物、玩具、书等传播。近几年，轻型不典型的病人增多。

猩红热为不同型的A组B溶血性链球菌。由于病菌M蛋白抗原性的不同，猩红热可分为80种类型。各类型可产生相应特异性抗体，没有交叉免疫。致病毒素有A、B、C三种，感染其中何一种后，再遇到其他任何一种，仍可发生第二次或第三次猩红热，但这种机会很少。

2. 症状

（1）起病急骤，发热体温一般为38℃～39℃，重者可达40℃以上。咽痛，咽及扁桃体显著充血亦可见脓性分泌物。

（2）出疹期，于发病后1～2天出皮疹。皮疹从耳后、颈部、腋下出现，迅速波及躯干、四肢。皮疹细密，压迫可褪色。典型皮疹为弥漫针尖大小的猩红色小丘疹，触之如粗砂纸样或人寒冷时的鸡皮样疹。皮疹之间的皮肤，为一片猩红色，用手按压红色可暂退。在肘弯、腋窝、大腿根等皮肤有皱褶处，皮疹十分密集，呈现一条条红线。皮肤瘙痒，两颊发红，而口周围皮肤苍白。

（3）于病后2～3天舌头肿大突出如杨梅，舌质发红，即"杨梅舌"，颈部及颌下淋巴结肿大。

（4）病程第1周末开始脱屑是猩红热特征性症状之一。

首见于面部，次及躯干，然后到达肢体与手足掌。面部脱屑、躯干和手足大片脱皮，呈手套、袜套状。脱屑程度与皮疹轻重有关，一般2～4周脱净，不留色素沉着。

3. 护理

（1）需用抗生素彻底治疗，以免咽部长期带菌。抗生素的用法应遵医嘱。

（2）病人需卧床休息，常用盐水漱口，保持口腔清洁，饮食以流质、半流质为宜。

（3）因少数病人可并发急性肾炎。在病后2～3周时要进行尿检。

4. 预防

目前此病没有自动免疫制剂预防，着重于控制感染的散播。

（1）早隔离病人。

（2）接触者检疫。在检疫期间发现有咽炎、扁桃体炎，尽早用抗生素治疗。

（3）病人停留过的房间，可用食醋熏蒸消毒。取食醋50 mL，加等量水，倒入容器中，关好门窗，煮沸食醋，待完全蒸发后半小时再开窗通风换气。

（七）流行性脑脊髓膜炎

流行性脑脊髓膜炎（简称"流脑"）是由细菌引起的呼吸道传染病。本病多在冬春季流行。

1. 病因

病原体为脑膜炎双球菌。病菌存在于病儿的鼻咽分泌物中，经飞沫由空气传播。冬春季，室内通风不良，人体呼吸道抵抗力下降，容易造成流脑的流行。

2. 症状

（1）病初类似感冒，发热、寒战、呕吐，但流鼻涕、打喷嚏、咳嗽等症状不明显。

（2）剧烈头痛，肌肉酸痛，关节痛。

（3）频繁呕吐，呈喷射状，即没感到恶心就喷吐出来。

（4）病人烦躁或神志恍惚，嗜睡。幼儿常有尖叫、惊跳。病情进一步发展可出现抽风、昏迷。

（5）发病后几小时，皮肤上可出现出血性皮疹。用手指压迫后红色不褪是出血性皮疹的特点。

（6）颈部有抵抗感。让病人仰卧，检查者托住病人的头，向胸前屈曲。检查者可感到病人的颈部发硬，很难使病人的下巴贴到前胸。

流脑的早期症状类似感冒，但病情可以在短时间内恶化，抢救流脑需分秒必争。若于冬春季，发现"感冒"的病人，有剧烈头痛、频繁呕吐、精神很差、皮肤有出血点等症状要迅速送医院诊治。

3. 护理

（1）发热时应卧床休息。

（2）饮食以易消化的流质或半流质食物为宜，要保证充足的水分，尤其是服用磺胺药

（2）室内经常开窗通风，保持空气新鲜。

（3）冬春季尽量不组织儿童去人多的公共场所。

（4）接触者检疫，可服磺胺嘧啶预防，药量遵医嘱，服药期间多喝开水。

（八）传染性肝炎

传染性肝炎是幼儿常见传染病之一，发病率高，对幼儿身体健康影响大。它是由不同种病毒源引起的一组传染病，病毒主要侵犯肝脏。目前已知肝炎病毒分为甲、乙、丙、丁及戊型。最常见的为甲、乙型。

1. 病因

（1）甲型病毒性肝炎是由甲型肝炎病毒引起的。病毒存在于病人的粪便中，粪便污染了食物、饮水，经口造成传染。该病毒耐热，一般的消毒剂如高锰酸钾不能杀灭甲型肝炎病毒。在幼儿园中易流行，多数预后良好，感染后能产生持久免疫力。

人感染了甲型肝炎病毒以后，约经1个月的潜伏期后发病，多为黄疸型肝炎。

（2）乙型病毒性肝炎是由乙型性肝炎病毒所致，该病毒耐热。幼儿感染后，易成为病原体长期携带者或慢性肝炎患者。病毒存在于患者的血液、粪便、唾液、鼻涕、乳汁等中。含有病毒的极微量血液就能造成传染，可通过输血、注射血制品、共用注射器等途径传播。由于病人的唾液和鼻咽分泌物中也有病毒，所以日常生活密切接触如共用牙刷、食具也是传播的途径。

在乙型病毒性肝炎患者及带病毒者的血液中，"乙型肝炎表面抗原"（或称澳抗）为阳性，可借此与甲型传染性肝炎区别。

人感染了乙型肝炎病毒，经2～6个月的潜伏期后发病，多为无黄疸型肝炎。

2. 症状

甲型传染性肝炎和乙型传染性肝炎，在症状上可分为黄疸型与无黄疸型两种。

（1）黄疸型肝炎

①病初类似感冒，相继出现食欲减退、恶心、呕吐、腹泻等症状，尤其不喜欢吃油腻的食物。

②精神不好，乏力。平时活泼好动的小儿，病后愿意坐着或要求上床。平

时不爱哭的小儿，表现为烦躁，好发脾气。

③经1周左右，巩膜、皮肤出现黄疸，尿色加深，肝功能不正常。

④出现黄疸2～6周以后，黄疸消退，食欲、精神好转，肝功能逐渐恢复正常。

（2）无黄疸型肝炎

与黄疸型肝炎比较，无黄疸型肝炎病情轻。仅"乙型肝炎表面抗原"（或称澳抗）为阳性，或一般有发热、乏力、恶心、呕吐、头晕等症状。在病程中始终不出现黄疸。

3. 护理

（1）隔离患者。

（2）患急性肝炎应卧床休息，病情好转后可轻微活动，但以不感觉疲劳为度。

（3）饮食宜少吃脂肪，适当增加蛋白质和糖的量，多吃水果、蔬菜，以免加重肝脏

4. 预防

（1）加强粪便管理，保护水源。防止病从口入，讲究饮食卫生、个人卫生。饭前用肥皂、流动水洗手。水杯、牙刷不能混用。

（2）做好日常的消毒工作：食具、水杯煮沸消毒。

（3）预防接种用的针头、针管，每注射一个人换一套。

（4）工作人员定期进行健康检查。

（5）早发现、早隔离病人。病人隔离后，所在的班要做彻底消毒。家具、玩具可用3%漂白粉澄清液擦拭。被褥、衣服可在日光下暴晒4～6小时。食具、毛巾等煮沸消毒。便盆用3%漂白粉澄清液浸泡2小时。

（九）细菌性痢疾

细菌性痢疾是幼儿常见的肠道传染病。发病有明显季节性，以夏秋季发病最多。人对痢疾有普遍易感性，患病后免疫力不稳定且不持久，因此可多次重复感染。

1. 病因

本病由痢疾杆菌引起。患儿及带菌者的粪便以及由粪便污染的衣物、用品

等，均可通过手、食物、水等经口腔进入胃肠道而受感染。

2．症状

（1）发病急，高热（39 ℃以上）、腹痛、腹泻。一日可腹泻几十次，有明显的里急后重（有总排不净大便的感觉）。大便内有黏液及脓血。

（2）少数病人高热，很快出现抽风、昏迷、呼吸衰竭等全身中毒症状，为中毒型痢疾。

（3）病程超过两个月者称慢性痢疾。

3．护理

（1）发热时应卧床休息，饮食以流质或半流质为主，忌食多渣、油腻或有刺激性的食物。病情好转后逐步恢复普通饮食并加强营养。

（2）应遵医嘱服药。急性菌痢的疗程一般为7～10天，若未按医嘱服药，治疗不彻底，易转成慢性菌痢。

4．预防

（1）加强卫生宣传教育。

（2）早期发现、隔离及治疗病人及带菌者。

（3）加强环境卫生、饮食卫生和个人卫生。

（4）夏秋季可就地取材，采用集体服药预防的方法，如马齿苋煎剂有一定的预防效果。

（十）流行性乙型脑炎

流行性乙型脑炎（简称"乙脑"）是由乙脑病毒引起的急性中枢神经系统传染病，多发生于儿童，流行于夏秋季。

1．病因

病原体是乙脑病毒。病毒通过蚊虫叮咬而进入人体，经过血液，最后局限于中枢神经系统的脑组织，引起病理变化和症状。人和动物，特别是家畜、家禽均可成为传染源。

潜伏期4～21天，一般为10～14天。病毒初在单核巨噬细胞内繁殖，再释放入血液，多数人在感染后并不出现症状，但血液中抗体可升高，称之为隐性感染。部分人出现轻度的呼吸道症状；极少数患者，病毒通过血脑屏障造成中枢神经系统病变，出现脑炎症状。

2．症状

（1）起病急，伴随发热、头痛、喷射性呕吐、嗜睡等症状。

（2）2~3天后，体温可达40 ℃以上，抽风、昏迷。

（3）经中西医结合治疗乙脑，乙脑的病死率明显下降，但少数病人仍可留下后遗症，如不能说话、肢体瘫痪、智力减退。

3．护理

注意饮食和营养，供应足够水分，降低体温。

4．预防

（1）应在流行期前1~2月接种乙脑疫苗。

（2）搞好环境卫生，消灭蚊虫滋生地。在流行季节应充分利用蚊帐、避蚊油、蚊香以及各种烟熏剂（除虫菊、青蒿、苦艾、辣蓼等）防蚊、驱蚊。

（十一）狂犬病

狂犬病，即"疯狗"症，又名恐水症，是由狂犬病病毒所致的急性传染病，是一种侵害中枢神经系统的急性病毒性传染病。人畜共患，多见于犬、狼、猫等肉食动物，人多因病兽咬伤而感染。病死率几近100％，患者一般于3~6日内死于呼吸或循环衰竭。

1．病因

病原体是狂犬病毒。病毒存在于狂犬的唾液中，当人被狂犬咬伤后，病毒经伤口到达脑部繁殖，引起脑部炎症。

2．症状

（1）被病犬咬伤或病猫抓伤后一般在3个月内发病，短的8天，长的可达1年才发病。头、面部被咬伤，伤口深者发病早。

（2）患儿开始感觉伤口疼痛和麻木感，随后有发热、多汗、全身疼痛不适、失眠或嗜睡等症状，对痛、声、风、光等刺激开始敏感，较大儿童可诉咽喉部有紧缩感。

（3）1~3天后患儿进入兴奋状态，较大儿童会感到极度恐怖，有大难临头之感，还可有意识模糊、言语杂乱、辨别方向错误及颈部僵硬等脑膜刺激症状，最突出的症状是怕风、恐水。

（4）患儿流涎较多，体温可达39.5℃~40.5℃，咽喉部肌肉抽动使患儿感到极度痛苦，不仅无法进食和饮水，还可导致呼吸困难和缺氧，严重者还会出现全身抽动。

（5）患儿常在发作中死于呼吸、循环衰竭。存活患儿于1～3天后抽搐停止，逐渐安静，然后出现瘫痪，以肢体瘫痪多见。

由于狂犬病发病后死亡率极高，故应预防狂犬病的发生。幼儿发病过程中反复出现咽喉部肌肉抽动，甚至全身抽搐都可导致脑缺氧，出现呼吸及循环衰竭时可导致脑缺氧缺血性损伤，如患儿抢救存活，智力发育肯定会受到影响。预防狂犬病要做好动物管理，犬或猫应进行预防接种，动物患狂犬病后应立即捕杀、深埋，这样可消灭传染源。被犬咬伤或被猫抓伤后应在2小时内及时、彻底地处理伤口，并注射狂犬疫苗，以预防发病。

3. 护理

狂犬病从被疯狗（或疯猫）咬伤到发病需经6～90天的潜伏期，在这尚未发病的时间里，还来得及做些必要的紧急护理，以使其造成的危害尽可能减小。

（1）万一被疯狗（或疯猫）咬伤，应立即用肥皂水反复洗涤伤口，并挤压出血；也可用40%～70%的酒精或米醋直接冲洗。被疯狗（或疯猫）撕裂的衣服，应及时更换后煮沸，以防止再接触皮肤、黏膜发生"非咬伤性接触感染"。伤口不可缝合，也不宜包扎。

（2）伤口清洗后，应立即就医，按规定在受伤部位进行抗狂犬病血清浸润注射，不少于5 mL，注射完毕后的当天或第二天开始注射狂犬病疫苗。

（3）减少刺激。房间光线应柔和、安静，限制探视，尽量减少各种刺激。

（4）镇静，保持呼吸道通畅。兴奋期按医嘱给予镇静剂，对狂躁者进行保护带约束，防止自伤或伤人。及时清除呼吸道分泌物，面罩吸氧，必要时行气管插管或气管切开，保持呼吸道通畅。

（5）心理护理。狂犬病患者发病急、病情重，家属及大多数患者对疾病的预后有所了解，因此，患者和家属的心理负担重。应做好患者及家属的心理疏导，尽力减轻患者的痛苦。

4. 预防

（1）要加强宣传，特别要教育孩子，尽量避免和狗接触。没有发疯、看似健康的狗和小动物，都有携带狂犬病毒的可能。

（2）狗是狂犬病的主要传染源，发现疯狗一定要坚决捕获隔离或捕杀埋掉。

（3）被咬伤后，要立即用清水或肥皂水清洁伤口，严重的要及时到医院处理。

（4）被咬伤后或处理完后要及时注射狂犬疫苗，疫苗要全程按规定注射完，这是防止发生狂犬病最有效的方法。

第三节　幼儿常见寄生虫病及其防护

寄生虫病，如蛔虫病、蛲虫病、钩虫病等是常见病，影响儿童健康，必须大力防治。

一、蛔虫病

（一）病因

本病由蛔虫寄生于人体所致，人食入感染性虫卵而感染。儿童在地上爬滚玩耍，饭前便后不洗手，吸吮手指或生吃未洗净的瓜果、蔬菜，喝生水，均可将蛔虫卵吞入而感染蛔虫病。

（二）症状

（1）轻者多数无症状，大量蛔虫寄生可引起消化功能紊乱，如食欲不振或多食易饥，偏食、异嗜、消化不良、轻度腹泻或便秘等，而致营养不良、贫血、生长发育迟缓。

（2）最常见的症状是腹痛，以脐周或上腹部为主，痛无定时，可反复发作。

（3）蛔虫排出的毒素刺激神经系统，出现睡眠不安、易怒、易惊醒、夜磨牙等症状。

（4）虫体的异种蛋白可引起荨麻疹等过敏症状。

（5）蛔虫病的并发症有蛔虫性肠梗阻，还有胆道蛔虫病、蛔虫性阑尾炎等。

（三）预防

（1）帮助孩子养成良好的卫生习惯，保持手的清洁。做到饭前便后洗手，常剪指甲，不吸吮手指。

（2）不吃不洁食物，不喝生水。生吃蔬菜和瓜果时，要清洁后用开水烫一下再吃。

（3）在托幼机构中，可根据具体情况给孩子按时进行常规驱虫治疗，以消灭传染源，使孩子的蛔虫病易于被根治。

（4）普及卫生知识，注意饮食卫生和个人卫生，做好粪便无害化处理，消灭蛔虫卵。

二、蛲虫病

（一）病因

蛲虫又称蠕形住肠线虫，感染可引起蛲虫病，是幼儿期的常见病。蛲虫在小儿中主要的传染方式是经小儿自己的手或被污染的食具进食，由口进入肠道，造成感染。

（二）症状

（1）肛门周围及会阴部瘙痒，尤以夜间为甚，影响睡眠。

（2）局部皮肤可因搔损而发生皮炎和继发感染。

（3）虫体附着的局部肠黏膜可发生轻微损伤，引起食欲减退、消化功能紊乱或肠道慢性炎症等症状。

（4）偶因蛲虫爬入女孩外阴、尿道、阴道，可发生尿道炎和阴道炎。

（5）还可出现烦躁、夜惊、遗尿、磨牙等症状。

（三）预防

（1）培养孩子的良好卫生习惯，勤剪指甲，饭前便后要洗手，纠正吸吮手指、搔肛门的不良习惯。

（2）孩子要尽早穿满裆裤，衣被要勤晒勤洗，家具要擦洗干净，食具要消毒后再用。

（3）孩子的玩具要清洗或日晒，保持干净。

（4）家长每天早晨为患蛲虫病的孩子冲洗肛门，换下的裤子要煮过后再洗，以消灭虫卵。

（5）在托儿所、幼儿园的孩子要定期检查，发现有蛲虫感染者要及时治疗，避免交叉感染。

三、钩虫病

钩虫是钩口科线虫的统称，钩虫病是钩虫寄生于人体小肠所引起的疾病。钩虫病主要表现为贫血、营养不良、胃肠功能失调。轻者无症状，称钩虫感染。长期反复感染可影响小儿生长发育和智力。

（一）病因

（1）小儿用的尿布落在农作物、草堆、土壤上，沾染了尘土中的钩蚴，未做清洗和晾晒就给小儿使用。有些地区，民间喜欢用沙土袋来代替尿布，沙土中往往带有钩蚴，小儿可因此受到传染。

（2）赤手裸足，满地乱爬，随处乱坐，接触了具有感染钩蚴的泥土，钩蚴即会钻入皮

（3）如果母亲在怀孕期间患了钩虫病，钩蚴就会通过血液运行感染胎儿。胎儿出生后，成为先天性钩虫病患者。

（二）症状

（1）感染钩虫后的一般表现为发育不良，面色苍黄、乏力、食欲下降、皮肤干粗、头发稀疏易于脱落。

（2）有的还有吞食异物的现象，如泥土、炉渣或墙土。

（3）烦躁不安、眩晕、心慌、气短、腹胀、腹泻、腹痛等表现。

（4）钩虫幼虫还会随血液循环到达肺，引起咳嗽、咳痰、咯血或者肺炎。肺部症状多在感染后3～15天出现，持续1～2周后恢复。

（三）预防

（1）在农村高发地区，普查普治，统一服药，定期复查，未愈病人重复服药，彻底消灭感染源。

（2）加强粪便的管理，搞好厕所建设，不要随地大便，粪便经无公害处理后再给植物施肥。

（3）加强卫生宣传，使人们了解到钩虫病的感染方式，不要让孩子赤脚去地里玩土，不许他们裸体嬉戏，要改变不穿死裆裤的习惯，减少钩虫幼虫侵入皮肤的机会。

第六章　幼儿安全养护

第一节　幼儿安全保护与教育

一、幼儿安全管理与教育

（一）托幼园所安全事故的种类及原因分析

"安全"是托幼园所的基本工作，再细小的"安全工作"在幼小的孩子面前也应是精益求精的，因为安全事故发生以后，它的破坏性很大，不可修复，不可逆转。随着社会的发展，儿童伤害事故成为全社会关注的焦点，主要可分为：第一类为拐骗、绑架、恶意报复、暴力事件；第二类为意外伤害事故；第三类为公共卫生事件，包括火灾、校车、虐童、暴力。

3～6岁是幼儿发生意外伤害的高发期。意外伤害在全球范围内成为儿童以及青少年第一或第二死因，而死亡仅是冰山一角，还有大量因意外伤害致伤、致残的人群。

幼儿发生意外伤害事故的年龄特点：最高是4岁年龄组，其次是3岁年龄组，第三是2岁年龄组。幼儿发生意外伤害事故的性别特点：男孩高于女孩。幼儿发生意外伤害事故的地区特点：农村高于城市。幼儿发生意外伤害事故的护理方式特点为：集体高于散居。

做好托幼园所安全工作，首先要找到危险源，即安全隐患。危险源是可能导致人身伤害和（或）健康损害的根源、状态或行为，或其组合。危险源辨识是识别危险源的存在并确定其特性的过程。幼儿教育工作相关人员以及家长应该弄清楚在哪些场所、哪些环节会出现哪些方面的安全问题。再细微的"隐患"在幼儿的安危面前都是成倍放大的。

每个托幼园所应按照实际情况制定适宜的规章制度和行为准则。制定各种条条框框，并不会限制幼儿的发展，而是在合理的规范制度下，更好地促进幼儿合作游戏、自由游戏，并能够教会幼儿如何安全地使用游戏设施，培养幼儿的安全意识。

（二）托幼园所各环节安全管理

幼儿教师应该对幼儿的安全进行管理。有效的管理能够减少意外伤害事故的发生，让幼儿对托幼园所产生安全感。幼儿教师必须深入了解托幼园所安全管理的概念、内容及意义，能够在特殊事件发生的时候采取妥善措施，逐渐提高安全管理水平。

集体环境中的幼儿安全管理要求教师提前进行规划，并在实施过程中保持一致性和一贯性。托幼园所班级中的教师应该密切合作照顾好幼儿，明确每一名幼儿教师的责任，确保每一位教师都能全身心地投入到幼儿教育工作中。

教师需要专注地观察并管理幼儿，这一点是保障幼儿安全的关键。针对不同年龄段的幼儿应该使用不同的健康观察原则。对于3～4岁幼儿，暂时听不到他们的声音是可以的；在安全的环境中，如果教师经常查看，短时间内看不到5岁幼儿或者听不到他们的声音也是可以的。

教师必须时刻保持警觉，保证所有儿童在自己视线范围之内，注意听所有正在进行游戏的儿童的声音。教师需要知道自己处于哪个位置才能看到幼儿或是听到所有幼儿的声音。教师可以站在或者坐在能够看见多数幼儿的位置；处于能看见通往户外门的位置，防止幼儿走到户外；教师应该不断扫视整个环境，了解所有幼儿的动向；定期巡视班级，不断变换位置。幼儿教师除了用看和听的方法时刻观察注意幼儿的位置和动向，还要对幼儿在各个环节中的安全进行管理。

1. 招生环节的安全

托幼园所在招生时应该让家长填表，以便了解幼儿的各方面信息，了解该幼儿是否有特殊的安全需求，以保证孩子在托幼园所的各方面安全。教师应学习绘制托幼园所招生安全信息采集表，了解幼儿基本信息、父母联系方式以及在园需要注意的特殊事项。

教师还应该指导家长注意幼儿在园安全。在幼儿正式入园前，例如在托幼园所开放日的时候，托幼园所教师可以向家长介绍托幼园所的安全措施及制度，帮助家长了解其对于幼儿安全的重要作用。教师可以与家长自然地交流安全的话题，例如，当幼儿和家长走进教室参观的时候，可以告诉幼儿与班级其他成员待在一起能够保证安全。走到洗手间的时候介绍如何在如厕的环节洗手，以及如何在洗手盆附近小心行走，以防滑倒。在参观户外游戏场地的时候可以介绍使用秋千和滑梯的安全规定。还可以趁此机会向家长讲解如何根据天气为幼儿选合适的衣服和舒适的鞋子，家长也可以带一双靴子，让他们在户外玩耍时更舒适、更安全。

2. 到园环节的安全

在幼儿到园时，托幼园所保安应该在规定时间内准时到岗执勤。保安应正式着装并配备必要装备，呈立正姿势站立于托幼园所门口，注意观察周围情况，防止闲杂人员进园。入园时间结束后，安保人员应该按时锁好托幼园所大门，避免闲杂人员进入托幼园所。

值班行政人员及校园护卫队成员在规定时间内也应准时到岗，佩戴醒目标志在托幼园所大门内外及路口执勤，加强巡视及疏通家长车辆，确保托幼园所门口道路畅通。

保健教师应在规定时间内准时到岗，提前准备好晨检物品（酒精棉、体温计等），热情接待幼儿，严格按照晨检的工作程序进行检查：一摸，摸额头，摸手心，观察婴幼儿有无发热现象。二看，看婴幼儿精神状态，面色，咽部、皮肤有无皮疹以及传染病的早期表现等。三问，问个别婴幼儿饮食、睡眠、大小便情况。四查，查婴幼儿有无携带不安全物品，发现问题迅速处理。对有发热、红眼、手足口等传染病的幼儿，严格按要求操作，填写晨检记录表。疑有疾病或传染病迹象的幼儿，保教人员和保健教师应立即让家长带其离园。家长所带药品应当面交给保健教师并详细填写服药记录表，让家长签字，日期要详细到某月某日某时某分。

主班教师应按时到岗，进入工作状态。一位教师在活动室门口迎接入园幼儿，另一位教师负责室内幼儿安全并组织游戏活动。家长务必把幼儿送到本班教师手中。主班教师按要求和家长当面交接幼儿，以卡换人，切实注意不带孩子的人，要询问并阻止其进园和教学楼。主班教师应提醒家长检查幼儿所带物品，并亲自检查，切实防止将小刀、小玩具等较小物品带入班内。检查幼儿指甲、着装是否存在安全隐患。主班教师应做好晨午检工作，请假的幼儿不能画线，要注明病假或事假。病假的，在晨午检记记录表反面另外登记。规定入园时间半小时后清点人数，做好人数清点和缺课追踪记录。教师要做好二次晨检，看幼儿有无异常情况。

负责打水的教师打水时注意避开幼儿活动高峰，出开水房时应及时插上开水房门插销并挂锁，提水时注意和幼儿保持一定距离，暖水瓶在班内不存开水，防止烫伤幼儿。教室内幼儿饮水用的保温桶外应加安全设施，以防止烫伤孩子。幼儿饮水桶内放适宜饮用的温水，不要放热水。

3. 晨间锻炼的安全

幼儿入园之前，托幼园所负责人员要认真检查活动场地及体育设施、设备，用配比好的消毒水擦拭大型玩具。

活动前，教师要清点幼儿人数，检查幼儿衣物、鞋子安全。根据活动安排表准备足够数量的活动器材。教师和保育员要检查活动设备及场地安全，排除各种安全隐患。活动中，两位教师及保育员应合理分散站立，确保每一位幼儿都在教师的视线范围内，以保证幼儿的安全。教师严禁聚集聊天，应密切观察幼儿，适时帮助幼儿增减衣物，及时处理异常情况。

教师要融入幼儿锻炼活动中，及时对幼儿进行情绪与行为的引导，关注幼儿的运动量（运动密度与运动强度），并适时给予调整。建立良好的晨间锻炼常规，把握活动的相对稳定性与灵活性，保证游戏的丰富性和多样性。活动后，教师要适时帮助幼儿增减衣物，整理场地、器械，帮助幼儿擦拭头部、背部的汗，提醒幼儿喝水。

4. 进餐环节的安全

教师在用餐前不组织幼儿进行剧烈活动，饭后半小时不做剧烈运动，不攀爬大型玩具设备。保育教师饭前按标准擦桌子及餐车，热稀饭等要放到安全地方，以免烫伤幼儿。教师取拿饭菜前，要用流动水和肥皂洗净双手。保教人员提前检查幼儿的食品有无变质问题。所有餐具应放在备餐桌上或饭架上，不要直接放在地上。饭菜分开盛放，有刺、有骨头的菜不与其他菜混放在一起，以免发生意外。观察幼儿的进餐情况，添饭不能过满，掌握少盛多添，随分随吃的原则。培养幼儿良好的饮食习惯，不让幼儿吃汤泡饭，吃泡饭会增加胃肠负担，不利于消化。保教人员到幼儿座位上给幼儿盛汤时，禁止从幼儿头顶、身体上方传饭。

中、大班幼儿可以自己端饭，但不能端汤；小班幼儿必须由保教人员打好、端好。幼儿进餐期间教师不得离岗，保育员要等最后一名幼儿吃完饭才能开始做清洁工作。关注食物过敏的幼儿，把过敏幼儿名单张贴在本班醒目位置，进餐前对照调整。教会幼儿去除骨头、鱼刺的方法，防止扎伤咽部；教会幼儿尝试饭菜温度的方法。进餐时保持安静，不催促、硬塞；哭闹、咳嗽时不能强迫幼儿进食。幼儿进餐时不打闹，不玩勺、筷子等用具，更不能将筷子、勺子置于口中走动和打闹，以防跌倒受伤。不要让吃饭慢的幼儿最后站着吃或站在活动室外吃，这样不尊重儿童，会对儿童形成心理压力。

吃餐点时，豆浆、牛奶、开水等要待温度适宜后放到班级安全地方，以防烫伤幼儿。幼儿吃点心时要用点心盘盛点心（饼干等）。

5. 散步环节的安全

教师可以在饭后组织幼儿散步或进行安静的活动，每次保证10～20分钟时间。教师可以利用这个机会带领幼儿放松身心，交流谈话，开展随机教育。在散步过程中，教育幼儿不推搡他人，不奔跑、追逐。教师必须面向幼儿，匀速前进，不可背对幼儿，将幼儿丢在身后。教师可以两只手拉着排头的幼儿，面对着幼儿倒退着走，这样教师就可以看到所有的孩子，照顾到每一位幼儿。另外，教师可以将掌控散步目的地和路线的权力交给幼儿，教师站在队伍的后面或者旁边，扮演引导的角色并及时调整。这样的"跟走"方式可以使教师更好地贴近幼儿，并根据他们的表现及时做出反馈，例如，队伍中有人掉队，或者"小火车"出现断节了，教师可以马上帮助这些孩子迅速跟上。

6. 午睡、起床环节的安全

幼儿午睡前，保教人员应对寝室进行安全检查，确保无安全隐患。做好幼儿午睡前寝室环境的准备工作，保持空气清新，温度适宜。根据季节掌握通风及寝室气温情况。秋、冬、春季穿脱衣服及入睡中应避免冷风直吹幼儿，幼儿脱衣时要注意关窗保暖。组织幼儿如厕后安静入寝室。

教师应该每天对幼儿进行午检，摸额头、看嗓子，手足口传染病高发期间增加查看幼儿双手的次数。检查幼儿是否带危险物品、玩具进入寝室。检查幼儿口中有无含留食物。教师应该教育幼儿睡前不在床上打闹，以防从床上摔下。

值班教师不得离开寝室，每15分钟巡视检查一遍，巡回观察幼儿的睡眠情况，纠正幼儿不良睡姿。教育幼儿不要用嘴巴咬被角，不蒙头睡觉，不趴着睡。及时发现问题并快速应对突发事件。注意对个别幼儿的关注，如多尿、患病、体弱、难以入睡的幼儿等要个别照料。教师可在多汗的幼儿背部垫上干毛巾，汗湿的毛巾要及时更换。把有抽风史、心脏病史等的孩子安置在容易看到的地方，密切关注其身体状况。教师应该注意服药幼儿的状况，入睡前对服药幼儿测试体温并做好记录。

严格执行幼儿午睡时教师巡查制度，托幼园所行政人员对全园午睡情况每30分钟巡查一次，并做好记录。发现异常应及时处理并上报保健室和园长室。

幼儿起床时，教师要指导幼儿穿好衣服，告诉他们在系好鞋带前不能跑动。起床后教师要看护好已经穿好衣服离开寝室的幼儿。

7. 如厕、盥洗环节的安全

每班必须保证至少有一名教师或保育员在盥洗室内或者门口组织指导幼儿盥洗，发现异常情况及时处理。引导幼儿注意盥洗和如厕的安全，教育幼儿不推挤、不打闹、不争抢，防止滑倒。随时检查幼儿衣着、鞋子的情况，防止绊倒。教育幼儿洗脸时闭紧双眼，防止皂液、污水进入眼睛。盥洗室地面应时刻保持干燥，无积水，防止幼儿滑倒摔伤。将洗洁精、消毒液等放置在幼儿拿不到的地方，以防损伤幼儿皮肤或误食中毒。

8. 喝水环节的安全

教会幼儿判断饮用水温度的方法，先接凉水，再接热水。教育幼儿喝水时不打闹，不跑动，以防呛水。

9. 教学活动、区域活动的安全

教师应认真制定详细的教育教学活动方案，并做好充分准备。活动前根据活动类型设置便于幼儿操作与交流的桌椅位置。教具、学具使用前应检查是否完好，并指导幼儿规范使用。活动前后要清点人数，做好记录，并与上次清点人数作比较，发现问题应及时处理。活动前同时做好缺课人员的追踪记录，追踪表上要写上具体说明，如生病的幼儿要注明住院、打针、输液等具体情况；有事没来的幼儿应注明联系电话或家长请假等详细信息，上、下午要分开写，要写清楚。严禁因一些特殊原因使个别幼儿离开教师的视线；严禁教师因拿取教具或其他原因出现空岗现象。集体教学活动中，如有个别幼儿有特殊需求或出现特殊状况

（比如上厕所、喝水、发烧、尿裤子等），主班教师应请副班教师或保育员跟随照看，协助处理。活动过程中注意稳定幼儿情绪，避免出现无秩序的情形。

幼儿的操作材料必须清洁无毒、安全。家庭和托幼园所共同收集的自然物、废旧材料、半成品等作为游戏活动的材料应当具有教育意义并符合安全、卫生要求。活动前，教师要结合幼儿的年龄特点和操作材料的特性，采取多种形式对幼儿进行安全教育，防止意外事故的发生。教育幼儿不要将较小的操作材料等放入耳、鼻、口中。随时注意检查托幼园所所用物品，发现有锯齿状、带尖、带刺等物品要及时提醒并消除。教学活动中如需使用剪刀，应先向幼儿说明使用剪刀的注意事项。使用带尖头的铅笔或其他东西时，要及时指出注意事项，防止戳伤自己或他人。

教师要参与区域活动指导，在区域活动前要和幼儿商讨游戏的注意事项和规则，如需到专用活动室或其他场地，需要有相关教师带领。教师要看护好各个区域的幼儿，特别是在走廊游戏的幼儿。指导幼儿分类收拾玩具，整理场地，培养初步的秩序感和责任感。提醒幼儿正确使用玩具，注意安全防护。教师应合理组织各项活动，引导幼儿与伙伴共同分享，避免发生争抢、拥挤等情况。电接线板应放置在幼儿触摸不到的地方。教育幼儿不蹬、爬桌椅，不从高处向下跳，不做危险的动作。

10. 户外活动环节的安全

户外活动前，教师应该检查场地、器械、活动材料的安全情况，清理场地上的危险物品。提醒并帮助幼儿整理好服装，特别注意系好扣子和鞋带。组织活动要有序，讲清活动要求及注意事项，介绍在活动中应遵守的规则，不能放任幼儿四处奔跑。对幼儿进行安全防范意识的教育，让他们不拉拽对方的胳膊，不乱投石块，不多人牵手跑动。组织幼儿玩大型玩具时，主班和副班要成对角线站位，密切关注所有幼儿，及时纠正幼儿不正确的玩法，及时帮助幼儿解决活动中出现的不安全因素。户外自由活动时，教师要站在孩子活动群的外围。严禁教师聚在一起闲谈、议事而忽视幼儿的安全。保教人员要保证所有幼儿在自己视野中，防止走失等。及时提醒和帮助幼儿根据气温随时增减衣服。观察到情绪有异常的幼儿时，要及时询问并采取相应的措施。活动结束时，主班教师要对大型玩具和活动场地进行检查，清点人数，做好记录，并与上次清点人数作比较，确保不遗留幼儿。发现问题应及时处理。教师要组织幼儿将材料放回原处，幼儿搬不动的，可由副班教师将活动材料放回原处。

组织大型活动（人数较多、外出活动、集体参观等）时，安全问题也应该放在首要地位。外出活动总是令幼儿兴奋不已，能使他们获得难忘的教育经历。然而外出游玩活动给幼儿及其所在园所都增加了危险系数，因此，托幼园所应该制订周密的安全计划以及预警机制。

托幼园所应该准备书面的活动组织程序和步骤，要报请园领导或上级主管部门审批后才能组织进行。组织幼儿外出活动时，要选择安全保障设施齐备的地方或场所，应先派相关人员进行实地考察，确认无安全隐患后方可活动。教师要向幼儿交代清楚安全要求，活动过程中要照顾好全体幼儿，随时清点人数，确保幼儿的安全。每次外出活动都应事先通知幼儿家长，并事先获得家长的书面认可。通知中应说明目的地、出发以及返回托幼园所时间。随团人员中至少应该配备一位受过急救和心肺复苏培训的保教人员。急救包和手机应该随身携带。每个幼儿身上可以挂一个写有托幼园所名称和电话的小牌子，但不要写幼儿的姓名，以防坏人叫出幼儿的名字，引诱他们离开队伍。教师要随身携带全体幼儿的紧急联系信息表，包括家长的联系电话、急救服务的电话（如救护车、火警）。在外出之前应该组织全体教师对外出活动流程及注意事项进行讨论。

二、环境、设备安全

安全的托幼园所环境能够减少教师的紧张感。没有潜在危险的教育环境和活动场地能够使教师集中精力组织活动，鼓励儿童积极进行游戏，更好地监护幼儿。在托幼园所为儿童创设安全的环境能够从根本上减少事故发生的可能，因此托幼园所在建筑、环境设计以及购买设施的时候都要充分考虑幼儿的安全。

（1）大门、楼梯口应有适当的缓冲空间，并注意是否有逃生方向指示标志，所有路径是否通畅无阻；路径上的设施，如扶手等是否已固定、不易松动或倾倒。

（2）室内通风应保持良好，若设置空调，应有换气装置，以保持室内空气对流。

（3）电容量应满足设备所需负荷，避免因负载不足造成断电或走火，在这方面可请专业技师代为评估设计。

（4）设置有效的消防器材及火灾预警装置。

（5）建材规格良好，可减少破损及腐坏；地面铺设应平顺且防滑；防水层施工良好可延长建筑寿命，减少维修频率。

（6）由于自来水系统的主要运输管线已由主管机关不断汰旧换新，而饮水品质问题往往发生在支线、蓄水池及建筑物本身的水管，故应定期清理蓄水池及饮水机，减少水污染的可能。

（7）游戏空间地面及设施应符合安全标准，并与四周围墙、花台、路肩保持安全距离。

（8）室内地面要防滑，最好采用木地板，户外活动场地要平整。

（9）幼儿出入的门应向外开，不宜装弹簧；应在门缝处加塑料或橡皮垫，以免夹伤手指、脚趾。

（10）窗户、阳台、楼梯应有栏杆，栏杆应采用直栏，高度不低于1.1米，栅栏间距不大于11厘米，中间不设横向栏杆，以免幼儿攀登。

（11）活动场所应有安全通道和出入口，应有消防灭火装置和报警装置。

（12）托幼园所房舍应远离马路、江河、危险品仓库、加油站等，以免发生车祸、溺水等。

（13）裸露的金属薄板设备（例如，游戏场地的滑梯和平台、下水道盖子、黑色的或者吸热的材料覆盖的表面）会造成严重烫伤，这些薄板设备对于那些可能会被"凝固"或者"黏"在高温物体表面的学步幼儿来说尤其危险。

（14）所有柱、墙、门及家具应采用圆角或斜角设计，以免跌伤和发生碰伤。家具应该靠墙摆放，否则容易倒下来砸伤幼儿。

（15）幼儿用床应有床栏。

（16）冬天使用的烤火炉应具备安全设施，如烟囱、通风窗等，同时注意烟囱接头是否漏气，并定期清扫，以防堵塞而引起煤气中毒。炉子旁应有护栏，暖气应加防护罩，以免烫伤幼儿。

（17）室内电器插座应安装在幼儿摸不到的地方（要放在1.7米以上的地方），使用拉线开关或用插座绝缘保护罩，电线应用暗线，以免幼儿接触。要经常检查电器、电线是否漏电。

（18）热水瓶、热锅、家用电器、火柴、打火机、剪刀等应放置在幼儿接触不到的地方，以免发生烫伤、触电、割伤。

（19）沙箱内应尽量使用幼儿专用玩具沙。建筑用沙里面可能含有有害物质，例如石棉，因此不宜给幼儿使用。户外沙箱下面要有下水通道，避免积水，托幼园所每天要清理沙箱，检查里面是否有蜘蛛、石块、小棍、昆虫以及尖锐的物品。在用完沙箱之后，应尽一切可能将其覆盖住，否则在儿童玩沙之前要检查里面是否有动物粪便。要经常清扫沙箱外的地面，特别是过道，以防止幼儿滑倒摔伤。

（20）托幼园所的游泳池或者戏水池能够为户外游戏区增加很多乐趣，然而它们需要格外小心地监管，要特别注意安全和卫生问题。每个教师都应该熟悉涉水安全的程序以及急救程序，班级中至少应有一名教师具有心肺复苏技术证书。在任何特定时间都要限制涉水活动儿童的数量，这样能提高教师的看护能力，提高安全系数。无论在何种涉水游戏中，都不应该在无成人看护的情况下让幼儿玩水，包括喷壶、戏水池、水箱、水坑、水沟、喷泉、水桶，或者厕所。水池、地下水管道、水沟的地面出口均应加盖，以免幼儿失足落入。

（21）在幼儿游泳之前要对游泳池内的水进行消毒，以预防疾病的传播。永久性的游泳池和天然的水塘要有围栏，并且要安装自动上锁大门。大门报警器、游泳池安全罩、运动警报器以及漂浮设备和救援设备都有利于减少溺水事故的发生。不要把幼儿独自或者在无人监管状态下留在水域附近，哪怕是一分钟也不可以。

（22）托幼园所宜种植无飞毛、无刺、无落果的植物。能致生命危险的植物有：夹竹桃、大花曼陀罗的花蜜和种子、紫荆花及叶、瑞香的浆果、一串红的花束、圣诞红的树枝、苹果的树叶和大剂量种子、一品红全株、鸡蛋花的汁液、马铃薯的绿色表皮、龙葵的绿色果实、马缨丹的绿色果实、苏铁的种子、水芋的全株；会引起某些严重疾病或是导致一时或一生痛苦的植物有：常春藤的全株（尤其是其浆果）、八仙花的花朵、枇杷的大量种子、水仙花的花和叶（尤其是其球茎）、软枝黄蝉的果实、马蹄莲的叶子、家菊的全株、万年青的叶子、风信子的全株（尤其是其球茎）、郁金香的花朵、月季花的花朵、冬珊瑚的果汁，此外，向日葵的全株、铁线莲的全株、彩叶芋的全株、凌霄花的花粉、含羞草的叶子及麒麟花的树叶等，都会引起皮炎或水疱。百合花、兰花、菊花、夜来香、松柏类的香味，久闻也会引起眩晕、失眠或亢奋、头痛等现象。

（23）有些托幼园所为了提高幼儿对科学探究的兴趣，培养幼儿爱护动物、保护动物的精神，饲养一些小动物作为宠物。但是托幼园所要注意宠物和幼儿的双重安全问题，确保宠物没有疾病。长有尖嘴的鸟类以及能够把沙门氏菌传染给人的动物都不应该在托幼园所中饲养，例如乌龟、青蛙、蜥蜴、小鸡等。宠物旁边应该张贴喂养宠物的规则。还应该防止那些过于调皮的孩子因用力过度而误伤小动物。幼儿在教室、动物园或者宠物农场触摸动物之后要认真洗手，因为动物常常是传染病的携带者。被宠物咬伤后要及时报告教师或者家长，如果需要注射疫苗，应立即就医。

教师应该说明与宠物互动的规则。例如，让幼儿围成一个圆圈坐在地板上，教师宣布具体规则，当幼儿清楚规则后，才能够保证幼儿和小动物的安全。

（24）噪声能够给幼儿造成压力、使人听力丧失、精神失常，带来心血管疾病和学习成绩下降低等危害，长期处在噪声环境中会造成耳朵内部和中枢神经系统的永久性损伤。为减少噪声污染，可以在室内安装反声材料（例如高反射的瓦、墙、天花板）和吸音材料（如地毯、挂布、音响材料），安装隔声围墙、密封缝隙或缺口来减少噪声。为避免户外噪声，要把托幼园所设置在远离噪声源的地方，此外，带有景观建筑的托幼园所可以通过山坡、篱笆和浓密的植物帮助缓冲噪声或者使其改道。比起事后努力补救，设计建造安静的设施和器材更经济有效。

三、幼儿的安全教育

幼儿活泼好动，认知水平较低，缺乏自我保护意识，不知道哪些事能做，哪些事不能做，因此，极易发生意外伤害事故。所以，对孩子进行初步的安全知识教育和安全自救技能培养极为重要。同时，对幼儿进行安全知识教育，必须根据幼儿的身心发展水平和特点来进行。

为了使安全教育能够持久有序地进行下去，教师需要带领幼儿制定全体幼儿都需要遵守的规章制度。教师应该邀请幼儿一起讨论安全制度，经过幼儿同意之后，教师应该以简洁清楚的语言向幼儿陈述并加以解释。当幼儿理解了为什么制定这些制度后，他们会更愿意去执行遵守。一旦制定了某个制度，教师就要一以贯之地去执行，否则儿童就会发现这些制度是毫无意义的，认为是不需要去遵守的，从而放任自己，造成了不必要的安全隐患。但是教师在执行制度的时候不能威胁儿童，不要让儿童产生恐惧感。在儿童遵守制度做出适当的安全行为时，教师应该对他们表示认可和鼓励。

教师在规范幼儿行为的时候应该使用鼓励的言语，尽量避免使用"不要""不许""不能""不行"这样的字眼，除非孩子在危险即将发生的关键时刻。例如，教师可以这样认可幼儿的行为："果果，我喜欢你刚才骑自行车时小心地绕过在那边玩耍的小朋友的行为""佳宁，你在站起来准备离开桌子前记得把剪刀放在桌子上，这样做很好"。

有些幼儿偶尔也会错误地使用游戏设施，或者不遵守安全制度。例如，一个幼儿在滑梯上还有其他幼儿时就迅速从滑梯滑下去，结果撞到下面的那个幼儿。这时候，教师要对其进行善意的提醒。但是，如果这种方法不起作用，幼儿继续表现出不当行为，此时教师就需要将此幼儿从该项活动或者游戏区域隔离开，简单而坚决地对幼儿说，"你这样滑滑梯是很危险的，我不允许你撞到其他幼儿"，让他知道这是不被接受的行为。等幼儿意识到自己的行为存在危害性后，再让其回到该区域进行活动，这样表示教师相信该幼儿能够遵守安全规则。

（一）幼儿安全教育的途径

对幼儿进行安全教育的途径主要有如下几种：

1. 安全主题教育活动

教师可以在托幼园所中开展有关安全的主题活动，并将其纳入正常的教学内容，开展整合式的安全教育课程。教师要设计好教学计划、活动教案，对教育过程要进行记录，及时进行教学总结和反思。在教育过程中教师应采用儿歌、故事、童谣等形式，结合实际使幼儿系统地学习、掌握安全自护教育的内容。

2. 安全游戏模拟活动

游戏是幼儿最喜欢的活动，将自我保护的学习内容融入游戏之中能使幼儿在轻松、愉快的氛围中学习、巩固生活技能。如：表演游戏可以使幼儿懂得在车站等车时，要站在站台上，不要站在马路沿台阶下等车；乘坐公共汽车时，注意不带宠物上车，不吃棒棒糖、冰棍等食物，不往车上车下乱扔东西，不把手和头伸出车窗外等。教师还可以组织角色游戏,教育幼儿独自在家时,不要让陌生人进入;当发生小偷撬门偷东西时,要赶快打电话报警等。

3. 安全案例分析

教师可以通过电视报道、网络视频等形式让幼儿了解自我保护的重要性。例如:如何躲避坏人、不跟陌生人走、不吃陌生人提供的食物等。

4. 实地参观进行安全教育

教师可以带领幼儿去消防机构进行参观。让消防员给幼儿讲解防火、防灾等常识以及安全自救的技能。通过"火灾逃生自救演练"教育幼儿遇到紧急情况时不要慌张、不怕危险,使幼儿掌握基本的逃生自救的方法,避免拥挤踩踏。

5. 家长、社区参与安全教育

教师可以将消防员、警察或者家长请到班级开展安全讲座,帮助幼儿理解安全的重要性以及逃生和自我保护的方法,培养幼儿自我保护意识和爱惜自己生命的情感,等等。

(二)《3~6岁儿童发展与教育指南》中关于幼儿安全教育的内容

1. 创设安全的生活环境,提供必要的保护措施

(1)要把热水瓶、药品、火柴、刀具等物品放到幼儿够不到的地方;阳台或窗台要有安全保护措施;要使用安全的电源插座等。

(2)在公共场所要注意照看好幼儿;幼儿乘车、乘电梯时要有成人陪伴;不把幼儿单独留在家里或汽车里等。

2. 结合生活实际对幼儿进行安全教育

(1)外出时,提醒幼儿要紧跟成人,不远离成人视线,不跟陌生人走,不吃陌生人给的东西;不在河边和马路边玩耍;要遵守交通规则等。

(2)帮助幼儿了解周围环境中不安全的事物,不做危险的事,如不动热水壶、不玩火柴或打火机、不摸电源插座、不攀爬窗户或阳台等。

(3)帮助幼儿认识常见的安全标识,如:小心触电、小心有毒、禁止下河游泳、紧急出口等。

(4)告诉幼儿不允许别人触摸自己的隐私部位。

3. 教给幼儿简单的自救和求救的方法

(1)记住自己家庭的住址、电话号码、父母的姓名和单位,一旦走失时知

道向成人求助，并能提供必要信息。

（2）遇到火灾或其他紧急情况时，知道要拨打"110""120""119"等求救电话。

（3）可利用图书、音像等材料对幼儿进行逃生和求救方面的教育，并运用游戏方式模拟练习。

（三）安全教育的内容

1. 玩具的安全教育

爱玩是孩子的天性，玩具是孩子非常喜爱的。孩子在托幼园所的一日生活与活动中，几乎有一半时间是在和玩具打交道。因此，对孩子进行玩具安全教育十分重要。孩子玩不同的玩具，应有不同的安全要求。在玩大型玩具时，如滑梯，要教育孩子不拥挤，前面的孩子还没滑到底及离开时，后面的孩子不能往下滑；孩子不能拿玩具和同伴打闹，更不能抓、咬、打同伴；不能从太高的地方往下跳，更不能从运动的玩具上往下跳，在运动或游戏时应听教师的安排，遵守纪律，有序活动，避免互相追打、乱跑碰撞；玩秋千时，要注意坐稳，双手拉紧两边的秋千绳，只有成人可以推秋千，等秋千完全停稳了才能上下秋千，要远离正在飘荡的秋千；玩跷跷板时，除了要坐稳，还要双手抓紧扶手；等等。玩中型玩具游戏棍时，不得用棍去打其他孩子的身体，特别是头部；玩小型玩具玻璃球时，不能将它放入口、耳、鼻中，以免造成伤害；等等。用积木搭高楼的时候，高度不应超过幼儿的身体高度，不要让幼儿站在椅子上搭积木。

2. 食品卫生的安全教育

孩子爱吃零食，也喜欢将各种东西放入口中，因而容易引发食物中毒。托幼园所除了在食品采购、储藏、烹饪等环节把好关外，还必须教育孩子学会分辨腐烂的、有异味的食物。孩子在托幼园所误食有毒有害物质的情况更是多种多样，如园内投放的各种花花绿绿的毒鼠药、因教职工工作失误而误放在饮料瓶中的消毒药水等，都可能被孩子误食。因此，在平时要教育孩子不随便捡食和饮用不明物质。另外，目前幼儿服用的药品大多外观漂亮，口感好，深受孩子喜欢，有的孩子甚至把药品当零食吃，因此，要教育孩子不能随便吃药，一旦需要服药，一定要按医嘱在成人的指导下服用。饮食安全教育的另一方面是饮食习惯的培养。如教育孩子在进食热汤或喝开水前要先吹一吹，以免烫伤；吃鱼时，要把鱼刺挑干净，以免鱼刺卡在喉咙里；进食时不嬉笑打闹，以免食物进入气管等。

3. 消防安全的教育

对孩子进行消防安全教育，主要包括：要让孩子懂得玩火的危险性，让孩子掌握简单的自救技能。如教育孩子一旦发生火灾要马上逃离火灾现场，并及时告诉附近的成人；当发生火灾，自己被烟雾包围时，要用防烟口罩或干、湿毛巾捂住口鼻，并立即趴在地上，在烟雾下面匍匐前进。带孩子参观消防队，看消防队员的演习，请消防队员介绍火灾的形成原因、消防车的作用、灭火器的使用方法及使用时应注意的事项等。另外，可以进行火灾疏散演习，事先确定各班安全疏散的路线，让孩子熟悉托幼园所的各个通道，以便在发生火灾时，能在教师的指挥下统一行动，安全疏散，迅速离开火灾现场。

4. 交通安全的教育

据有关部门统计，全国交通事故平均每50秒发生一起，平均每2分40秒就会有一个人丧生于车祸。更让人痛心的是，因交通事故死亡的少年儿童占全年交通事故死亡人数的10%，且有逐年上升的趋势。因此，对孩子进行交通安全教育不容忽视。交通安全教育主要包括：了解基本的交通规则，如"红灯停、绿灯行，黄灯亮了等一等"，行人走人行道，上街走路靠右行，横穿马路要走斑马线；认识交通标记，如红绿灯、人行横道线等，并且知道这些交通标记的意义和作用；在没有交通民警指挥的路段，要学会避让机动车，不与机动车争道强行；不把道路当游戏场，不在道路上踢球、打球、做游戏、玩滑板车、追逐打闹等。教育幼儿要自觉遵守幼儿园作息时间，放学后不准在校内或校外逗留、玩耍。

集体外出时，要列队行走。禁止翻越道路中央的安全护栏和隔离墩。教育幼儿及家长乘坐汽车时，不得乘坐报废车、故障车、农用车、超载车和无牌无证车。乘坐公交车上班、上学或下班、放学的师生，要等车靠站停稳后有秩序上下车，并自觉购票，做文明乘客。乘车时不能把爆竹等危险物品带入车内，不要把头、手、胳膊伸出窗外和向外扔杂物。幼儿在乘坐小汽车时应使用儿童专用座椅，并系好安全带，以防止安全气囊对幼儿造成伤害。

5. 文具使用的安全教育

教育幼儿不要玩铅笔和钢笔，玩铅笔和钢笔容易摔断笔尖，而且容易扎伤自己或他人。更不要用嘴去含咬铅笔，因为铅笔表面的彩色漆里含有铅，误食后容易造成"铅中毒"。另外，如果铅笔被小伙伴不小心碰撞到，还会挫伤自己的口腔；很容易折断的塑料尺子不宜作为玩具来玩耍，会碰到别人或划伤自己的手；小刀等文具非常尖锐锋利，应妥善放置，不拿这些尖锐的东西奔跑，一旦不小心跌倒，可能使自己受到伤害；虽然有些橡皮味道香甜，但其中的化学物质对人体是有害的，因此不能用嘴去啃咬。

6. 上下楼梯的安全教育

教育幼儿在公共场所上下楼梯时，要遵守上下行的方向，否则会撞到别人，这样很危险；上下楼梯时，千万不要打闹或推挤排在自己前面的小朋友，这样很容易使前面的小朋友跌倒受伤；不能把楼梯的栏杆当成滑梯，滑着冲下去，这样做非常危险，容易跌伤，也容易撞伤他人；上下楼梯时，应该一个台阶一个台阶地走，而不是一步迈两个台阶或更多，那样很容易把脚扭伤；上下楼梯时，不要乱跑乱跳，应该用手扶着护栏慢慢地走，并且要遵守秩序，相互礼让，靠右行走。

7. 使用剪刀的安全教育

教育幼儿千万不要使用带有锋利尖头的剪刀，应该用钝口、圆头的儿童专用剪刀，以免剪伤或戳伤自己和他人；使用剪刀时，一定要集中精神，眼睛应看着剪刀，不能一边说笑，一边剪东西，小心戳伤手和眼睛；手里拿着剪刀时千万不要乱晃动手，以免碰伤其他人；也不要拿着剪刀四处奔跑，如果不慎跌倒，剪刀很可能会伤害到自己；在离开桌椅前，应该先把剪刀放在桌子上，再起身离开；剪刀在使用过后一定要放在安全的地方，如果放在插袋里，剪刀头应朝下；如果放在抽屉里，剪刀头应朝里；将剪刀递给他人时，应将剪刀把朝向对方。

8. 用电的安全教育

教育幼儿在室外玩耍时，千万不要爬电线杆，遇到落在地上或垂在半空的电线时，一定要绕行，因为那可能是带着高压强电的电线；在家时千万不要用湿手直接去开灯、关灯或接触其他电源开关等；不要随便安装开关、插座，更不要摆弄、修理电器或电力设备；千万不能用手指、小刀和钢笔去触、插、捅多用插座；不要在电线上晾晒衣物；雷雨天时不要在空旷的田野里行走，也不要在大树或变压器下避雨，这样做很容易触电。

9. 攀爬的安全教育

教育幼儿千万不要攀爬高墙或栅栏等。攀登到高处时，身体的平衡度不容易把握，很容易摔下来受伤；许多栅栏的顶端多是尖锐的铁刺或碎玻璃，攀爬时，稍有不慎就会被刺伤；不要攀爬到没有安全设施的高处，如小山坡、悬崖等，以防坠落，轻者会把胳膊或腿磕破、流血，重者则会骨折、瘫痪，甚至危及生命；在攀爬的过程中，如果抓扶的物体突然松动了，幼儿会从高处摔下来，或者被掉下来的东西砸伤；看到其他小伙伴攀爬时，一定要及时劝阻，如果他不听劝告，应尽快告诉大人，加以制止；在玩攀爬设备的时候，要双手抓牢攀爬架，在从攀爬架向下跳的时候要看准地面是否有其他物体或者小朋友；在雨雪天或者有露水的时候要格外小心设备湿滑。

10. 下雨天的安全教育

下雨的时候，路上非常滑，匆忙地跑步容易摔倒，所以应教育幼儿要小心慢行。走坡道时，更要特别小心；打雨伞时，千万不要让雨伞挡住视线，要注意看着前方行走；不要拿着雨伞嬉戏，更不要将伞收起来当作刀剑，相互打来打去，或是在别人面前突然把伞撑开，这些行为都是很危险的；下雨天，开车的人常常看不清行人，幼儿应该穿戴颜色鲜亮的雨衣、帽子、雨鞋或者撑起颜色鲜亮的雨伞，这样可以引起驾驶员的注意；刮强风下大雨时，最好穿雨衣上学，因为幼儿个头比较小，力量较弱，在狂风大雨天不好控制雨伞；不要在马路上形成的水洼中踏水或放小船玩，这样都是非常危险的。

11. 用火的安全教育

教育幼儿不要玩火柴或打火机。一旦起火控制不住火势，火苗不仅会烧到自己，还会引燃其他物品甚至整个房间，造成火灾；不要拿蜡烛在床上、床下、衣柜内或楼阁内等狭小的地方找东西，这样做很容易引起火灾。另外，点燃的蜡烛应远离易燃易爆物品，更要注意蜡烛及烛台的平稳；夏天，使用蚊香时，一定要放在金属支架上或金属盘内，并远离桌、椅、床、蚊帐等可燃物品，切忌把蚊香直接放在木桌、纸箱上；不要在家中、阳台、楼道里玩火、放烟花爆竹，如果看到有人这么做，要上前及时制止；另外，拧动天然气、煤气罐开关都是大人的事情，幼儿还无法控制火候，所以不应乱动。

12. 汽车上的安全教育

教育幼儿在公共汽车上不要玩耍或大声说话，更不要不停地换位子，或在车内跑跳嬉戏，以免撞到其他乘客，或是吵到别人；不可将空罐子或垃圾丢出车外，这样不仅会破坏环境整洁，而且很容易砸到路上的行人或其他车辆，给自己和别人带来不必要的麻烦；有座位时，应双手扶住前面座位的椅背，以免急刹车时撞到头部或从座位上跌下来；没有座位时，千万不要站在车门边，要牢牢抓住车内扶手，以免紧急刹车时摔倒或车门突然打开时被甩出车外；看到急需座位的老人、残疾人或孕妇等，要记得让座给他们；不要将头、手伸出窗外，防止被车外的东西刮伤或划伤；更不要在车上掏耳朵或咬舌头等；幼儿在乘坐小轿车时应该使用安全座椅，不要坐在副驾驶的位置。

13. 幼儿生活的安全教育

家长与幼儿园应该配合对幼儿进行生活方面的安全教育。为了孩子的安全，成人要教育孩子不随身携带锐利的器具，如小剪刀等；在运动和游戏时要有秩序，不拥挤推撞；在没有成人看护时，不能从高处往下跳或从低处往上蹦；要告诉幼儿不爬树、爬墙、爬窗台；推门时要推门框，不推玻璃，手不能放在门缝里；不轻信陌生人的话，未经允许不跟陌生人走，更不要让陌生人碰自己的身体，告诉孩子，只有家长、医生、护士才能触摸他（她）的身体，如果陌生人要这么做，一定要尽快逃开；不独自玩烟花爆竹；不逗弄蛇、蜈蚣、蝎子、黄蜂、毛毛虫、狗等动物；到野外旅行或散步时不得随便采摘花果、抓捕昆虫，更不应该放入口内，以防意外；到公共场所参加游览、外出散步或户外活动时，教育幼儿要远离变压器、建筑工地等危险的地方。

14. 自然灾害中的自救教育

中国是世界上自然灾害最多的国家，地震、洪水、泥石流、台风、海啸、雷电、浓雾、冰雹都时有发生。教师和家长应该培养幼儿的自救意识。震时就近躲避、震后迅速撤离到安全地方，是应急避震较好的办法。避震应选择室内结实、能掩护身体的物体下（旁）、易于形成三角空间的地方，开间小、有支撑的地方，室外避震应选择开阔、安全的地方。洪水到来时，要就近迅速向山坡、高地、楼房、避洪台等地转移，或者立即爬上屋顶、楼房高层、大树、高墙等高的地方暂避。在雷雨天，应尽量留在室内，不要外出，关闭门窗，防止球形闪电穿堂入室，尽量不要靠近门窗、炉子、暖气炉等金属的部位，也不要赤脚站在泥地或水泥地上，脚下最好垫有不导电的物品坐在木椅子上，在外不要在孤立的大树、高塔、电线杆下避雨。冰雹来时尽量不要外出，不得已要出门时，应注意保护好头和面部。

15. 身体保护的安全教育

教育幼儿保护自己的生殖器，让幼儿懂得男女有别及其主要特征（穿衣、发型、身高、声音、生殖器等）；教育幼儿不要随意玩弄自己的生殖器，以免造成细菌感染；要告诉幼儿遇到别人让自己看他们身体的时，不要紧张或害怕，更不要大叫，尽可以装作没看见，尽快离开这个地点，并向教师或者家长报告。不论男孩还是女孩都不能让别人随便看、触摸自己的身体，特别是背心、内裤所覆盖的部位。遇到他人侵犯自己的身体时，要及时把事情的经过告诉家长和教师。

制定规则对幼儿进行安全教育永远也不能代替教师对幼儿细心的照料和监督。幼儿很快就会忘记规则，特别是在他们忙于游戏，玩得很兴奋的时候，因此需要教师经常提醒他们。教师应该在安全与冒险之间把握好尺度，制定的规则既应该切实可行，还要在安全的限度内给幼儿足够的自由进行探索。如果限制过多，幼儿可能会失去探索和实验的勇气和兴趣，变得畏首畏尾，胆小怕事。

四、托幼园所突发自然灾害应急处理机制与措施

我国幅员辽阔，地理环境复杂，是一个自然灾害多发之国。我国的自然灾害分为气象灾害、海洋灾害、洪水灾害、地震灾害、农作物生物灾害、森林生物灾害和森林火灾。据统计，我国七成以上的城市、一半以上的人口分布在自然灾害严重的地区。自然灾害给我国人民造成的损失极其严重，但是如果采取有效的防范和应对措施可以降低自然灾害给人类造成的损失。除自然灾害之外，可能发生的突发事件还包括化学品泄漏事件、恐怖袭击事件、人质事件等。幼儿自救自护能力弱，无法应对各种突发的灾害与突发事件。托幼园所对幼儿负有教育、管理和保护的职责，应努力建立健全本园的自然灾害预防与应急处理制度，保护幼儿的生命安全，使他们免受伤害。

为了建立健全托幼园自然灾害应急处置体系和运行机制，规范应急处置行为，提高应急处置能力，迅速、有序、高效地实施应急处置，最大限度地减少自

然灾害中托幼园所师生的生命和财产损失，各个托幼园所应按照规定制定本园的突发自然灾害应急预案，建立本园的突发自然灾害应急处理机制。

（一）托幼园所突发自然灾害应急处理预案

托幼园所突发自然灾害应急处理预案包含以下几个方面：

1. 应急处置工作领导机构及其职责

托幼园所应设立自然灾害应急处置工作领导小组，其职责主要包括：制定和完善本园自然灾害应急处置预案，并负责本园自然灾害应急处置工作；开展防灾、减灾宣传教育和应急演练以及培训活动；做好灾害隐患排查整改工作，加强灾害信息报告和预警措施；组织开展园内先期应急处置行动，协助相关部门开展应急处置和恢复重建工作；及时向上级教育主管部门请示报告。

2. 预警预防

托幼园所应加强应急反应机制的日常性管理，在实践中不断演练和完善应急处置预案，并做好应对自然灾害类突发公共事件的人力、物力和财力方面的储备工作。根据有关规定，在政府发布自然灾害预报后，各级教育行政部门即可宣布预报区进入预警期。自然灾害可能造成严重的人员伤亡和财产损失，当大量人员需要紧急转移安置或生活救助时，教育系统应当根据当地政府统一部署，做好防灾应急准备工作或采取应急措施。

3. 灾情报告

发生灾情后，托幼园所应立即（最迟不得超过事发后的半小时）通过电话或其他快速通信方式报上级教育行政部门。信息内容要客观、翔实、全面，不得主观臆断，不得缓报、漏报、瞒报、谎报。发生特别重大事件（Ⅰ级）后，托幼园所可直上接报教育部。

（二）应急措施

在即将发生突发事件、自然灾害的时候或者在突发事件、灾害过后，教师通常应该做到：保持冷静；检查潜在的危险设施；对受伤幼儿进行急救；收听广播，服从指挥；判断应该进入避难场所、实施一级防范措施还是进行紧急疏散；采取行动。

教师采取的应急安全行动包括：带领幼儿进入应急避难场所、进行一级防范、疏散儿童等。具体采取哪种措施要根据托幼园所领导以及应急指挥部的统一安排，如果与上述部门无法取得联系，教师要与教室里的其他教师根据突发事件可能造成的后果共同商量，迅速做出判断。突发事件发生过后，教师应该提交报告，记录下保证幼儿安全的措施及经过，以及还需要采取哪些预防性的措施，以备未来参考。

1. 进入避难场所

如果遇到风暴、台风、龙卷风等灾害时，教师应带领幼儿进入临时避难所，特别是建筑物内地理位置较低的地点，如地下室。对于化学品泄漏或者空气中夹带的危险物质造成的突发事件，教师应该将门、窗户以及任何空气通道用塑料布或者多功能防水耐热胶布密封关闭。如果需要进入避难所，教师应该尽快把儿童和在园的来访者集合起来带进避难所；带上急救包和水；锁上通往户外的门和窗户；如有必要，覆盖住空气通道；让幼儿保持冷静，让他们进行安静的游戏，如读书、用操作材料做游戏；看电视，收集网络新闻，或者听收音机获取消息；待在避难所，直到安全才有序离开。

多数情况下，教师和儿童只需要待在避难所几个小时。然而，如果待在避难所时间较长，教师应该启用紧急储备物资照料并安抚儿童。

2. 实施一级防范措施

在托幼园所遇到外来入侵者、枪击或者人质事件，儿童受到威胁的时候，需要实施一级防范措施。教师应组织幼儿待在室内避难。采取一级防范措施时，教师须使用本园的内部暗号或者其他方式表明应该实施一级防范措施；组织儿童待在内室或者教室中的安全角落；可以找柜橱作为避难所，也可以让儿童躲在书架的后面，或者把桌子放倒，桌面朝外，让儿童躲在里面，以此保护儿童；保持安静，不要动；拨打110向警方汇报情况；清点幼儿，确保全体幼儿都在场；一直采取一级防范措施，直到警方宣布平安无事。

托幼园所发生的需要实施一级防范措施事件往往不可预料，令人恐怖。教师需要与儿童一起避难几个小时。在避难场所储备瓶装水和小玩具能够安抚幼儿，直到一级防范措施解除。教师应始终保持冷静，给幼儿心理安慰。

3. 疏散与安置

托幼园所在遇到突发事件时，教师应该迅速将幼儿集合起来，安全转移到事先确定的、临近的安置地点。安置地点在步行能够到达的距离之内，该地点应该适合短期避难，直到与家庭取得联系，接走幼儿。如果该地点遭到破坏或者很危险，可以将幼儿转移，进行重新安置。这个地点也应该事先选定，并且能够进行较长时间的避难。事先应该准备好一个第二避难所的标记，在离开第一个避难所时迅速放置在该避难所明显的位置，以便于家长或者急救人员按照标记与教师取得联系，寻找幼儿。一旦发生需要紧急疏散的事件，社区急救人员会指挥托幼园所将幼儿转移疏散到避难场所。当需要疏散时，教师应该做好以下几项工作：

（1）迅速组织幼儿紧急集合，有序离开教室到安全地带。

（2）清点幼儿人数，确保全体教师和幼儿都在一起。每个幼儿由具体的教师负责。

（3）如果时间允许，在每个孩子的衣服上贴上一个写有幼儿姓名、地址和电话号码的胶贴。

（4）携带急救箱，带好儿童和教师紧急联系电话本。

（5）贴好疏散避难场所的标记。

（6）紧急疏散路线及顺序基本参照出操的路线以及顺序（参照各班逃生路线）。

（7）收听广播，听从指挥。

（8）幼儿就餐或午睡期间遇到突发事件时，当值教师应迅速组织幼儿停止就餐，迅速起床，有序地离开教室，疏散到安全地带。

由于灾害性的紧急事件常常无法预料，紧急疏散的时候能否得到帮助也存在很多不确定性因素。有时候很难与救援人员取得联系，在关系到幼儿生死的紧要关头，教师应该结合疏散演练中获得的经验，鼓起勇气，迅速做出正确的判断。

4. 应对自然灾害

（1）地震

地震往往发生得很突然，令人措手不及。教师可以带领幼儿看地震演练视频，让幼儿讲解地震逃生顺序、逃生技巧及要求。但是一旦发生地震，教师首先要注意以下几点：

①先保持镇定，告诉幼儿听从自己的指挥，一直不停地对幼儿喊话，让他们不要害怕，让幼儿感觉到老师一直和他们在一起，这样对幼儿是最大的心理

安慰。

②如果正在上课时发生了地震，教师要组织幼儿迅速躲到桌子下，用书包护住头部，等待地震停止。地震发生时的保护方法：双手抱头，蹲在户外空旷安全地带或室内桌子下面，千万不要在窗下或横梁下躲避。不能慌张、哭闹或随意乱跑，不大声叫喊，保持体力，等待救援。

③地震发生时，正在室外的人员把幼儿集中到操场中间空旷场地或集中在树木周围；正在室内的人员根据情况选择向室外疏散或室内躲避（及时躲到两个承重墙之间最小的房间，如洗手间、厕所等；可以躲在桌与桌、区域玩具柜之间；可以躲避在房间内侧的墙角）。地震停止后要将幼儿疏散到户外空旷地带，以防止余震的发生。

④如果正在进行户外游戏时发生地震，绝不能带领幼儿跑进建筑物中躲避，应远离墙壁、窗户和电线，带领幼儿疏散到空旷地带。

⑤如果地震后被埋在建筑物中，应先设法清除压在自己身上的物体，特别是腹部以上的位置；告诉幼儿用毛巾、衣服等捂住口鼻，防止烟尘窒息；要注意保存体力，设法找到食品和水，创造生存条件，等待救援。

（2）洪水

教师应该注意收听或收看洪水警报。洪水来临之前，如果时间允许，让家长接回幼儿，关闭托幼园所。如果幼儿待在托幼园所，那么要注意：

①如果托幼园所可能会发生洪水灾害或者山洪暴发，尽可能将幼儿疏散到安全地带。

②如果时间允许，要确保托幼园所的安全；将设备移动到高处，关闭煤气以及其他公用设施。

（3）暴风雨

注意天气预报和暴风雨预警。若24小时内影响本地区，一般会发布蓝色或黄色预警；若12小时内影响本市，会发布橙色预警；若6小时内影响本市，将发布红色预警。如果可能尽量关闭托幼园所。如果时间允许，让家长把幼儿接回家。如果必须待在托幼园所，那么要准备好应急物资。将幼儿转移到室内靠里边的位置，远离高高的窗户，待在避难场所直到暴风雨过去。如果必要，须紧急疏散儿童。

（4）飓风、台风

教师应该注意收听飓风和台风警报，密切关注天气信息。如果有足够的撤离时间，尽量让家长把幼儿接回家去。应对台风的措施有：关闭窗户，尽可能保持托幼园所的安全；关闭天然气或者煤气设施，拔掉非必需的电器设备插头；躲在室内靠里边的位置或者远离窗户的走廊；躺在桌子或者其他牢固设施下的地板上；待在室内直到飓风和台风过去；听从应急指挥人员的指挥进行疏散。

第二节　幼儿常见意外伤害的预防与处理

一、幼儿意外伤害的处理方法

（一）相关概念

意外伤害是指突然发生的各种事件或事故对人体所造成的损伤，包括各种物理、化学和生物因素。

急救是指在人们突然发生急病或遭受意外伤害时，为抢救其生命、改善病情和预防并发症所采取的紧急救护措施。

幼儿发生意外伤害事件的主要原因有车祸、跌落、烧伤、溺水、中毒等。幼儿的意外伤害虽然是突发事件造成的，但是如果家长、教师或者其他监护人采取适当的有效措施就能够预防并控制意外伤害事件发生的概率。

（二）幼儿常见意外伤害与急救措施

意外事故的急救能够保存生命，避免受伤程度加重，有助于康复。托幼园所的意外事故一般比较轻微，例如跌伤，简单地处理和包扎即可解决，通常不必就医。托幼园所教师进行基本的急救处理时要通知家长，以方便家长做出是否就医的决定。

但是有些意外伤害比较复杂，需要紧急救治，例如心肺复苏术，在发生骨折的情况下，需要对患处进行固定。如果发生上述危险情况，教师应该立即拨打120电话，叫救护车，在等待救护车的同时应该进行急救处理。进行急救的教师或者保健医生需要接受过培训，以减少对患儿造成进一步的伤害，避免造成残疾或者死亡。下面介绍一些常见的意外伤害和急救措施。

1. 烧（烫）伤

（1）原因和症状

烧烫伤是指皮肤接触沸水、蒸汽、热汤（饭）、热油、高温、火、暴晒或化学性药物（强酸、强碱）引起的局部或大面积组织损伤。幼儿皮肤细嫩，接触60℃水1分钟即可形成一度烫伤；高于80℃水15秒钟即可形成二度烫伤。一度烫伤外观皮肤变红，出现疼痛、火辣辣的感觉。二度烫伤外观皮肤变红，肿胀起来，有液体流出，出现非常疼痛、被烧灼的感觉。三度烧伤外观干燥硬化，失去弹性，颜色苍白（有时呈焦炙状），出现几乎感觉不到的疼痛，对皮肤的刺激没有感觉。

（2）处理

脱离烧（烫）伤源，立即用大量流动冷水浸冲局部，降温5～10分钟，随即脱掉被热源浸透的衣服。如衣服和皮肤粘在一起时，切勿撕拉，只能将未粘着部分剪去，粘着的部分留在皮肤上由医生处理，再用清洁纱布覆盖伤处，以防污染。

轻度烧（烫）伤可用火烫膏、京万红软膏涂局部。不得涂紫药水等有色外用药，不可以涂油和油膏，除轻度烧伤外均应送医院处理。烧烫伤面积较大时，不要随便涂药，可用消毒纱布或干净床单、衣服包裹幼儿，将其送往医院治疗。强酸、强碱烧伤，立即脱去被浸渍的衣服，用大量清水冲洗20分钟以上，或者用1∶2 000高锰酸钾液冲洗后送医院处理。

2. 鼻出血（鼻衄）

（1）原因及症状

幼儿鼻黏膜血管很丰富，有些地方汇集成血管网，血管弯曲扩张，在鼻部外伤以及打喷嚏时，都可使曲张的血管破裂而出血。鼻出血的常见原因是外伤，如跌打、暴力等，此外，还有内科疾病如风湿热、疟疾、伤寒、麻疹等，血液病如血友病、白血病、血小板减少性紫癜等，还有维生素C、K、B等缺乏症，可见鼻出血除了局部原因外还要注意全身性疾病。鼻出血时可见血液从鼻腔滴落或流出，因鼻腔和口腔相连，有时会流入口腔。

（2）处理

幼儿发生鼻出血时，因紧张或大哭、用力揉擦鼻子等均会加重出血，应立即将幼儿抱起，取半卧位，大龄儿童可采取直立式直坐位，或向前倾斜身体，但不要低头或者呈后仰位。弄清楚是哪侧鼻腔出血，用消毒棉球蘸1%的麻黄碱或0.5%的肾上腺素塞进出血侧鼻腔。再用手捏紧两侧鼻翼，让幼儿用口呼吸，数分钟后即可止血。用冷水毛巾或毛巾内包冰块放在前额部，双脚浸入热水中，都是有利于止血的方法。

若因跌伤致鼻出血，经上述方法处理后仍血流不止应及时就医。经过上述方法处理后无法止血的，也应立即送往医院进一步检查是否患有其他疾病。如每次出血量不多，但经常发生鼻出血，则应在出血时或出血后立即去医院检查。出血后数小时或数日内，鼻黏膜尚未愈合，要避免剧烈运动或挖鼻。

3.手扎刺

（1）原因及症状

竹、木、铁、玻璃、植物都可能扎入幼儿手部，刺伤皮肤。扎刺后，首先要将刺挑出，然后要消毒防感染。

（2）处理

幼儿手扎刺后，将伤周围皮肤擦洗干净，把镊子或缝衣针在火上烧一烧（用打火机或火柴），并顺扎入方向将刺挑出或拔出，然后用手挤一挤，挤出几滴血，再擦些酒精。如刺扎得很深或很脏，要请医生处理，并注射抗破伤风预防针。

4.骨折

（1）原因及症状

骨折分为开放性骨折和闭合性骨折。由于幼儿大脑对肢体的控制能力有限，又活泼好动，所以容易造成骨折。在湿滑的地面上行走、奔跑，从高处跌落到坚硬的地面上，平时幼儿之间的打闹、体育活动、交通事故，将手插入门窗的缝隙中，伸手摸电风扇，把脚伸到护栏外面扭旋，坐在自行车后座上，脚伸进行驶的车轮，被动物踢伤、撞伤、咬伤等都可能造成骨折。

一旦发生骨折，骨折处会出现程度不同的疼痛和压痛，以骨折处疼痛最为明显。由于骨折处尖端可刺伤周围组织的血管、神经，所以活动时疼痛加剧。骨折还常常引起周围组织损伤、肿胀和瘀血，皮肤可出现青紫色瘀斑，但位置较深的骨折，如股骨、颈骨骨折局部肿胀则不明显。骨折端因受外力作用、肌肉牵拉、肢体或骨本身重量的影响，可发生明显的移位，使伤肢发生相应的畸形。如用手摸，常感到凸凹不平，压之则产生剧烈疼痛。由于骨的正常连续性中断，软组织损伤，肿胀疼痛，功能明显产生障碍。如上肢骨折时几乎不能抓提物件；下肢骨折时，人站不起、走不动，活动明显受限。骨折常常伴随着软组织损伤，这些合并损伤造成的严重后果往往超过骨折本身，如头颅骨骨折合并脑组织损伤或颅内血肿。

（2）处理

幼儿跌倒或者发生其他意外事故后，身体某部位着地，并且不能立刻爬起来时，教师要了解着地部位及当时详情，让他自己试着起来，并注意观察受伤部位，如腿脚等部位是否发生骨折，幼儿不能站立行走时，不要牵拉或强行抱起幼儿，检查幼儿呼吸道是否畅通，是否还有呼吸，有无呕吐、昏迷、出血等症状。急救人员可以先将幼儿受伤的肢体加以固定，尽量限制受伤肢体活动，以免断骨再刺伤周围组织。如有出血，应包扎、止血后再固定，并拨打急救电话，还要通知家长。

5. 头部受伤

（1）原因及症状

头部受损伤如摔伤、碰伤、撞伤等都可发生脑震荡、颅内出血，甚至死亡。轻度脑震荡可出现暂时性意识障碍、轻度休克、面色苍白、脉缓、躁动不安或喊叫、恶心、呕吐，然后嗜睡数小时，逐渐清醒，不会留下后遗症。重度脑震荡出现意识丧失、昏迷、休克，恢复后伴有躁动不安、头痛、恶心、呕吐或晕眩等，还可并发脑出血或脑水肿。

（2）处理

即使幼儿在头部受伤后可能很快又开始玩耍，但是一旦幼儿发生头部受伤应该尽快通知家长，以便他们做出判断，是否需要送往医院。幼儿头部受伤以后，应该将幼儿放平，头部高于脚部，观察幼儿的眼睛，观察是否出现瞳孔扩散、昏迷等症状。使幼儿保持冷静，不能摇晃儿童。头部摔伤后，虽然意识清醒，没有明显脑震荡症状，但也要注意观察24小时，发现异常情况，应随时送往医院诊治。

6. 休克

（1）原因及症状

受伤、过敏反应、感染、中毒以及其他原因都能够引起休克。休克是身体在同疾病斗争的反应。

休克患者常常脉搏微弱，皮肤苍白、湿冷，呼吸困难。

（2）处理

使患儿平卧，解开衣服、领扣、裤腰带。在对幼儿不会造成伤害的情况下，尽量把头放低，脚抬高。患儿周围要保持空气流通，环境安静。让幼儿保持冷静、舒适、温暖。可针刺或用手指甲压嘴唇上方正中间（人中穴）使之苏醒，必须刻不容缓地将患儿送到医院急救。

7. 癫痫

（1）原因及症状

癫痫是由多种病因所引起的大脑功能障碍综合征。是大脑皮层或皮层下细胞群的超同步异常放电而引起的突发性、一过性脑功能紊乱。由于异常放电的部位及类型不同，临床表现多种多样。最常见的症状是惊厥和意识障碍。患病的幼儿会突然晕倒，丧失意识，口吐涎沫，双目直视，四肢抽搐。此病发作过后即可苏醒，醒后跟正常人一样。癫痫病患儿的共同特征是反复发作，突然发作又突然停止。

（2）处理

为保护幼儿免受伤害，不能强行制止患儿的发作或按压患儿的四肢，以免引起骨折。疾病发作的时，要有专人看护，立即用一双筷子缠上布塞入患儿上下牙之间，防止咬舌致伤；解开上衣，将头部转向一侧，以防止呕吐物或分泌物吸入气管引起窒息。大多数患儿可在短时间内完全清醒，若抽搐不断，或15分钟后仍未清醒，呼吸困难或身体受伤，则要立即拨打120急救电话寻求医生的帮助。如果班级中有这样的孩子，平时要留心观察，摸索规律，注意避免促成患儿发作的原因，如过度疲劳、情绪激动、进食过量、高声、强光、感冒等。午休时更要加强巡视，注意观察，有许多癫痫疾病常在睡眠中突然发作。

8. 溺水

（1）原因及症状

在造成儿童死亡的意外事故中，溺水占第二位。幼儿因不慎落入水池、水桶、水缸、浴缸、游泳池，或在野外游泳等都可能造成溺水。溺水者可能会伴有头痛、视觉障碍、剧烈咳嗽、胸痛、呼吸困难、咳粉红色泡沫样痰等症状。溺入海水者口渴感明显，最初数小时可有寒战、发热等症状。

（2）处理

发现幼儿溺水时，成人应该在保证自身安全的情况下，将幼儿从水中救出。检查幼儿呼吸是否正常，如果需要，应尽快实施心肺复苏术。同时，立即呼叫救护车。注意保持幼儿身体温暖，如果体温过低或休克应该进行相应的治疗。不要放弃救治，曾经有幼儿在冷水中溺水一个多小时，经救治成功复活的案例。即使幼儿经过救治已经复苏，还需要防止感染、呼吸问题以及其他复杂情况的发生。

9. 触电

（1）原因及症状

造成幼儿触电的原因有很多，幼儿用手触摸损坏的电灯开关或灯头、插座、插头可引起触电。各种原因造成的电线拉断坠落，幼儿接触断端或绝缘层破损部位，或进入跨步电压区域。工业或农业临时用电，有时未安装保险，或电线接头未缠绝缘胶布，或电闸箱未上锁等原因，幼儿不知其危害，靠近电源而触电。幼儿对电器使用不当，或者不慎将手指、金属棒等插入电插孔等都可能造成电击。当人体接触电流时，轻者立刻出现惊慌、呆滞、面色苍白，接触部位肌肉收缩，且有头晕、心动过速和全身乏力等症状。重者出现昏迷、持续抽搐、心室纤维颤动、心跳和呼吸停止。电烧伤会使皮肤呈灰黄色焦皮，中心部位低陷，周围无肿、痛等炎症反应。

（2）处理

当幼儿触电时，不要触碰幼儿的身体；要冷静对当时的情景进行分析、判断；如果可能要切断电源，用纸板或者塑料等非导体将电器从幼儿身体上移开；如果电压过高或者无法切断电源，应拨打火警电话请求救援；如果儿童已经离开触电的电源，观察幼儿的呼吸和心跳；可以用人工呼吸恢复幼儿的自主呼吸，如果已经停止呼吸要实施心肺复苏术；如果已经休克，可以将幼儿放平，把腿部抬高；如果幼儿出现心跳停止、心律不正常、呼吸停止、肌肉抽搐，疼痛或者意识不清等症状，应该尽快拨打120急救电话。

10．牙外伤

（1）原因及症状

学龄期的儿童年纪偏小，活动性较强，运动能力、反应能力都处于发育阶段，容易摔倒或撞到物体上造成外伤，特别是在剧烈运动或玩耍时，很容易发生碰撞、跌倒等，造成不同程度的牙周和牙神经的损伤，其中最常见的是牙脱位。

（2）处理

牙齿脱位后可再次植入牙槽骨，植入时间和离体操作直接影响再植的效果。牙齿脱出牙槽骨的时间越短，成功率越高。牙齿完全脱出后的储存条件非常重要，生理盐水被公认为较好且较易得的储存液体。因此牙齿脱出后，可以将牙齿用水冲洗干净，但不要搓洗，或刮洗。可以将牙齿放入牙槽之中，用干净纱布覆盖后让幼儿咬住纱布或者用手托住牙齿，使其复位。如果牙齿无法放入牙槽之中，可以将脱位的牙齿置于生理盐水中就诊。其他液体如组织培养液、牛奶或唾液等也可作为储存液。在条件简陋，找不到储存液的情况下，可将脱位的牙齿直接含在口中使其浸泡在唾液环境中，及时就诊。由于唾液中含有细菌，可能对再植牙愈合产生影响，因此唾液保存时间不应超过2小时。

11．咬伤

（1）原因及症状

随着年龄的增长，幼儿活动范围逐渐扩展，接触周围事物的机会逐渐增多，但是对危险的识别能力不足，被动物咬伤的事件有可能发生。咬伤也是幼儿最多发的意外伤害之一。咬伤可能来自动物、人类以及昆虫。咬伤后会出现疼痛、红肿、流血等症状。

（2）处理

被蛇等有毒的动物咬伤后的处理措施：一定不要惊慌失措，首先把幼儿和动物分开，不要活动患侧，以免加快血液循环使毒素迅速扩散，立即用止血带在伤口上扎紧，以防毒汁向全身扩散。结扎的时候不能勒得太紧，每隔30分钟就要放开止血带1~2分钟，防止远端肢体坏死。尽量把毒汁挤出，若有合适的药物要立即用药，同时将受伤的肢体放松。与此同时，立即对伤口进行清洗消毒，然后尽快去医院进行处理。

被狗、猫等咬伤后的处理措施：要用流动水和肥皂水反复清洗，时间不得少于15分钟，然后尽快到医院就诊。局部伤口原则上不包扎、不缝合、不用粉剂、不涂软膏以利于把带有狂犬病毒的血液排出。若患儿伤口深大，伤及大血管，要密切观察其生命体征的变化，同时准确及时地做好观察记录。对四肢肿胀的幼儿一定要抬高患肢。在进行各项治疗护理操作时动作要轻柔、准确，防止粗暴、剧烈动作引起或加重患儿的疼痛。要及时（越早越好）足量接种合格的狂犬病疫苗。

被人类咬伤后的处理措施：幼儿之间相互打闹被咬伤后可能传播有害的细菌和病毒，如果咬伤刺破皮肤也会传播病原体，增加感染的风险。对人类咬伤进行处理时可以先使用无菌纱布压迫伤口止血，然后用皂液和清水清洗伤口3~5分钟，再用干净的绷带包扎。

12. 气管异物急救

（1）原因及症状

幼儿常将小球、硬币、纽扣等小东西放入口中含着玩，抑或在吃瓜子、花生米、糖果等零食时，因逗笑、叫喊或哭闹等原因，将这些异物呛入气管。患儿脸色常憋得发紫、咳嗽不断、喉喘鸣、声音嘶哑、呼吸困难。若不及时抢救，异物完全堵塞气管，超过4分钟就会危及生命，即使抢救成功，也会留下瘫痪、失语等严重后遗症。如果仅堵塞部分气管，但又咳不出来，就可能发生肺不张。较小的异物，如小纽扣、小弹珠等，不足以阻塞支气管，没有任何症状，但经过数周或数月后，可导致肺部发生病变，这时幼儿可能反复发热、咳嗽、咳痰，出现慢性支气管炎、慢性肺炎、支气管扩张等病症。

（2）处理

①海姆立克急救法

幼儿气管发现异物时，可用海姆立克急救法救治。从发生气管异物者身后将其抱住，双手互握在其腹部正中顶端（剑突下），然后突然向其上方用力压迫（注意不要弄伤其肋骨），这样，一股气流猛然从气管中冲出，可能会使异物排出。究其作用机理，是因为突然增大了腹内压力，使得横膈上抬而推挤胸腔，迫使肺泡余气经气管冲向喉部，卡在气管内的异物由于突然产生的气流冲击作用，被"驱逐出境"。因此，这一急救方法又被称为"余气冲击法"。

"海氏法"还可以用来自救，成人若不慎气管进入了异物，周围又无旁人，可将上腹部靠在椅背顶端或桌子的边缘，然后猛力向腹部上方施压，气管异物也可被冲出。

②推压腹部法

让患儿仰卧于桌子上，抢救者用一只手放在其腹部脐与剑突之间，紧贴腹部向上适当加压；另一只手柔和地放在胸壁上，向上和向胸腔内适当加压，以增加腹腔和胸腔内压力，反复多次，可使异物咳出。

③拍打背法

立位，抢救者站在儿童侧后方，一手臂置于儿童胸部，围扶儿童，另一手掌根在肩胛间区脊柱上给予连续、急促而有力的拍击，以利于异物排出。

④倒立拍背法

此方法适用于幼儿。倒提其两腿，使头向下垂，同时轻拍其背部，通过异物自身的重力和呛咳时胸腔内气体的冲力，迫使异物向外咳出。

若以上方法无效或情况紧急，应立即将患儿送医院就诊，但应注意在送往医院前一定不要吃饭喝水，以便医生能尽早手术。

为了预防幼儿气管进入异物的发生，要避免幼儿在吃东西时哭闹、嬉笑、跑跳，吃饭要细嚼慢咽，同时不要给幼小的孩子吃炒豆、花生、瓜子等不易咬嚼的食物，更不要给幼儿强迫喂药，这些都容易造成幼儿气管进入异物。在幼儿的活动范围内应避免存放小物品，如小纽扣、图钉等。

二、应对幼儿意外伤害的常用技能

（一）一般出血的处理

1. 指压止血

当小伤口少量出血时，可在伤口处垫上消毒纱布，用手指或手掌压迫出血点上部的血管，即可止血。

2. 冰块止血

皮肤表面或皮下出血，用冰块敷于出血处，可使血管收缩，减少出血，并促使凝血。

3. 冷水冲洗止血

若软组织扭伤、挫伤后，立即用冷水冲洗，可加速止血。

4．止血带止血

上、下肢出血时，可用橡皮带、手帕、布条等在出血点的上部扎紧，压迫血管，即可止血。每隔15分钟应放松1次。

（二）外伤包扎

1．马上用干净的纱布按住伤口，尽可能抬高患处，以期迅速止血。

2．止血后，用生理盐水或清水冲洗伤口，清除污染物，用棉签蘸双氧水轻轻涂在伤口周围，再冲洗一遍，清洁杀菌。

3．用浸有生理盐水的小纱布覆盖伤口，然后用大纱布包扎。

急救禁忌：不要直接用嘴去止血，这样很容易导致细菌感染；不要用手去挤压伤口止血，这样会对皮肤造成伤害。

动脉受损的出血危害是极大的，在紧急止血的同时，应立即将幼儿送医院作进一步处理。

（三）心肺复苏术

生活中不难见幼儿因窒息而身亡的事例。其实幼儿一旦发生窒息，无论是溺水还是异物窒息，黄金抢救时间只有4～6分钟。因此这期间，实施心肺复苏术可为抢救赢得时间，尽快挽救脑细胞因缺氧发生的坏死。

心肺复苏术，简称CPR，是进行人工胸外心脏按压和人工呼吸交替进行的急救技术，比例为15∶1，即30次心肺扩胸按压和2次人工呼吸交替进行，直至救护车来临。

1岁以下和1岁以上儿童心肺复苏术略有不同，区别主要在胸外心脏的按压指法上。下面做简单介绍。

1．判断幼儿的呼吸状况

轻拍幼儿的脚或肩膀，并呼唤他。用5～10秒时间判断幼儿是否有自主呼吸，如果没有反应，马上拨打120急救电话，然后快速而轻柔地把幼儿脸朝上放到平稳的桌面上。如果幼儿身上有出血点，先采取措施按压出血部位止血，得到控制之后，再进行心肺复苏术。

2．打开幼儿的气道

一只手按住幼儿的额头，另一只手轻轻抬起其下巴，帮助幼儿打开气道，快速检查幼儿呼吸状况。

3．实施2次人工呼吸

用嘴包住幼儿的口鼻进行2次人工呼吸，缓慢吹气每次持续1秒钟，观察幼儿的胸廓是否起伏。如果没反应，再次打开气道，进行人工呼吸。

注意：幼儿肺小，吹气过于用力或太快会使气体进入幼儿的胃或伤害到肺。

4．实施胸外心脏按压30次

1岁以上幼儿：将手掌掌根放在两乳头连线中点胸骨靠下位置，单手或双手在胸外心脏处垂直按压30次，以100次/分钟的频率快速按压，也就是比秒针速度还要快。压的深度大约4厘米，约为幼儿身体厚度的1/3。需要注意的是，每一下都需回弹至原高度后才继续压。

5．交替按压与人工呼吸

交替着为幼儿进行30次胸外心脏按压和2次人工呼吸，直到急救人员赶到。

（四）测量体温

体温主要可以通过腋窝、口腔、肛门、外耳道和额头来测量。正确使用各种测量方法才能准确把握幼儿的健康状况。

1．腋温的测量

测量腋温是使用最广泛、最传统的体温测量方法。测量时，要先擦干腋下的汗水，再让体温计紧贴皮肤，曲臂过胸，手贴对侧肩部，夹紧，保持5分钟。37.2℃以下为正常体温。但是过小的宝宝，因为容易随意移动可能会影响准确度。而过胖的幼儿，也可因脂肪过厚而影响准确度。

2．口温的测量

口温测量是比较方便、准确度较高的一种测量方法。测量口温时，用口含的方法将体温计置于舌头下面保持5分钟。37.5℃以下为正常体温。但是，温度计使用前必须先消毒干净，而且要确保半小时内没有吃或喝过热或过冰的东西。但是，较小的幼儿不建议测口温，以防咬断体温计而造成危险。

3．肛温的测量

肛温测量因为密闭性好，所以测量值较为准确。37.5℃以下为正常体温。但因为小孩容易哭闹扭动，而造成温度计侵入伤害，因此不推荐家庭常规使用，一般只限于在医院由医务工作者操作。

4．耳温的测量

对于幼儿来说，测量耳温兼具快速、准确、安全等特点，所以推荐家庭、托幼园所使用耳温枪式温度计为幼儿测量体温。测量前，教师或家长轻轻向外拉直孩子耳朵的外廓，将体温计全部阻塞外耳道，再开启测量，直到测量结果显示出来。37.5℃以下为正常体温。但是如果宝宝有耳疾，或外耳道分泌物多，会影响测量准确度。

5．额温的测量

额温的测量主要是利用红外线器械测量额头的温度。但由于额头的体表温度受外界环境影响大，准确度不是很高，所以使用并不广泛。但是由于其测量速度快，不紧密接触人体，所以常用于公共场所人体温度的普查和初筛，以减少疾病的传染和疫情蔓延，托幼园所可以使用此种测量体温的方法。

除了正确使用各种体温测量方法之外，教师和家长还应该了解，在一整天的时间交替中，人体的体温一般是呈周期性波动变化的。一般凌晨2～6时体温最低，下午1～6时体温最高，但是变化幅度一般不会超过1℃。

（五）脉搏计数

一般情况下，脉搏的次数与强弱和心搏次数、心肌收缩力一致。故计数脉搏即代表心率，但在心律失常（如早搏、心房纤颤等）时，心率和脉搏会不一致，应分别计数。脉搏数在幼儿及儿童时期都易受外界影响而随时变动，一般年龄越小，心率越快。

在幼儿出现发热、哭闹、精神紧张等情况或进行体力活动时，由于新陈代谢增加，脉搏数可适当增加。通常体温上升1℃，脉搏加快10～15次，睡眠时则减慢10～20次。

1．测量方法

数脉搏时，教师和家长可用自己的食指、中指和无名指按在小儿的动脉处，其压力大小以摸到脉搏跳动为准。常用测量脉搏的部位是手腕腹面外侧的桡动脉，或头部的桡动脉，或颈部两侧颈动脉。测量脉搏以1分钟为计算单位。家长可边按脉边数脉搏次数。

2．注意事项

（1）测脉搏前应使小儿安静，体位舒适，最好趁小儿熟睡时检查。

（2）检查脉搏时，应注意数每分钟脉搏跳动多少次，脉搏跳动得是否整齐规律和强弱均匀。

（3）由于小儿脉搏数与外界影响因素关系密切，故一般不作为例行常规检查。必要的检查应以安静状态下为宜。

参考文献

[1]王萍.婴幼儿的教养[M].重庆：西南师范大学出版社，2021.

[2]李晓芳.婴幼儿膳食与营养[M].重庆：西南师范大学出版社，2021.

[3]李小花.游戏与幼儿世界观[M].长沙：湖南师范大学出版社，2021.

[4]何志萍，张仁贤.幼儿与幼儿教师的心理健康[M].北京：新华出版社，2021.

[5]吴海云，全胜.幼儿这样运动——幼儿大肌肉动作发展游戏[M].福州：福建人民出版社，2021.

[6]梁运佳.幼儿归属感发展研究[M].长春：吉林大学出版社，2021.

[7]代娅丽，胡红梅，严仲连.婴幼儿动作发展与训练[M].重庆：西南师范大学出版社，2021.

[8]刘勇.0–3岁婴幼儿营养与喂养[M].镇江：江苏大学出版社，2021.

[9]周淑惠.婴幼儿STEM教育与教保实务[M].南京：南京师范大学出版社，2021.

[10]黄璟.新生儿婴儿幼儿护理百科[M].成都：四川科学技术出版社，2021.

[11]黄婉圣.幼儿行为观察与评价[M].上海：复旦大学出版社，2020.

[12]郭莲荣.婴幼儿心理学[M].北京：西苑出版社，2020.

[13]郑玉萍，刘乔，张艳玲.幼儿卫生与保健[M].成都：电子科技大学出版社，2020.

[14]赵勋.幼儿成长的节点[M].北京：中国工人出版社，2020.

[15]李丹，王雪琴.婴幼儿养护实用手册[M].北京：西苑出版社，2020.

[16]方光光，曾春英，王雪莱.婴幼儿常见问题及指导[M].北京：西苑出版社，2020.

[17]黄引康.婴幼儿行为心理学[M].北京：中国纺织出版社，2020.

[18]童连.0-3岁婴幼儿保健[M].上海：复旦大学出版社，2020.

[19]李浩.幼儿食育[M].北京：知识产权出版社，2020.

[20]胡亮，汉竹.新生儿婴幼儿护理百科[M].南京：江苏凤凰科学技术出版社，2020.

[21]鲍秀兰.婴幼儿养育和早期教育实用手册[M].北京：中国妇女出版社，2020.

[22]徐千惠.0-3岁婴幼儿照护与保育[M].上海：复旦大学出版社，2020.

[23]王晓芬.幼儿行为观察与分析[M].上海：复旦大学出版社，2019.

[24]史爱芬.幼儿常见问题行为与矫正[M].上海：复旦大学出版社，2019.

[25]徐宏，侯金成，郑家国.脑科学与教育幼儿篇[M].开封：河南大学出版社，2019.

[26]周劼.幼儿卫生学学习指要[M].重庆：重庆大学出版社，2019.

[27]赵焕.幼儿教育自我评价指导[M].天津：天津教育出版社，2019.

[28]王治芳.幼儿家长手册[M].济南：山东教育出版社，2019.

[29]王普华，王明辉，王爱忠.幼儿成长揭秘[M].北京：中国轻工业出版社，2019.

[30]徐可夫.婴幼儿排便排汗护理百科全书[M].天津：天津科学技术出版社，2019.

[31]刘苹，朱颖，郭晓斌.婴幼儿和儿童少年膳食指南[M].北京：中国医药科技出版社，2019.

[32]檀木.幼儿运动与健康教学实践手册[M].石家庄：河北科学技术出版社，2019.

[33]李顺.婴幼儿增强免疫力百科全书[M].天津：天津科学技术出版社，2019.